高等教育工程管理与工程造价"十三五"规划教材

建设工程合同管理

刘春江　主编

化学工业出版社

·北京·

《建设工程合同管理》共分 10 章，分别介绍了建设工程合同管理法律基础、合同法律制度、建设工程投资决策阶段的合同管理、建设工程招标与投标管理、建设工程勘察设计合同管理、建设工程施工合同管理、建设工程监理合同管理、建设工程物资采购合同管理、建设工程索赔管理、FIDIC 条件下合同管理等内容。

《建设工程合同管理》可作为工程管理、工程造价、土木工程、房地产开发与管理等专业的教材和参考书籍，也可作为从事工程招投标与合同管理的工程技术人员的自学教材和参考书。

图书在版编目（CIP）数据

建设工程合同管理/刘春江主编. —北京：化学工业出版社，2017.8（2023.8 重印）
高等教育工程管理与工程造价"十三五"规划教材
ISBN 978-7-122-30173-4

Ⅰ.①建…　Ⅱ.①刘…　Ⅲ.①建筑工程-经济合同-管理-高等学校-教材　Ⅳ.①TU723.1

中国版本图书馆 CIP 数据核字（2017）第 165377 号

责任编辑：满悦芝　　　　　　　　　　　　文字编辑：吴开亮
责任校对：宋　夏　　　　　　　　　　　　装帧设计：张　辉

出版发行：化学工业出版社（北京市东城区青年湖南街 13 号　邮政编码 100011）
印　　装：涿州市般润文化传播有限公司
787mm×1092mm　1/16　印张 11¾　字数 288 千字　2023 年 8 月北京第 1 版第 3 次印刷

购书咨询：010-64518888　　　　　　　　售后服务：010-64518899
网　　址：http://www.cip.com.cn
凡购买本书，如有缺损质量问题，本社销售中心负责调换。

定　　价：33.00 元

前言

工程项目管理贯穿工程项目建设全寿命周期各个环节，内容涉及"三控制"（质量、投资、进度）、"两管理"（合同管理、信息管理）、"一协调"（组织协调）的各个方面。"两管理"中的合同管理是对工程项目参与主体合同法律关系构建及运行过程的管理，而工程项目参与主体是主导和推动工程项目建设的最能动因素，也是工程项目成败的最关键环节。因此，建设工程合同管理是工程项目管理的核心，"建设工程合同管理"课程也成为工程管理专业及相关专业人才培养过程中的一门重要的专业课。

本书在基础知识方面力求重点介绍建设工程合同管理知识架构中的基本概念、基本原理和基本法律制度；在建设工程合同类型方面力求基于工程项目建设全寿命周期，解析各个阶段不同主体之间合同法律关系构建和运行的过程和内容；在内容的实用性方面积极借鉴建设类相关执业资格注册工程师考试对知识点的明确、实用和可操作性要求，使教材中的知识点既能体现相关专业培养目标、教学大纲的基本要求，又能做到简明实用；在专业知识拓展方面对国际上通行的 FIDIC 施工合同条件的基本内容和施工管理的要点进行了专门介绍，拓宽专业知识面，为将来从事海外工程项目管理的专业人才指明学习合同管理知识的方向。

本书共分 10 章，内容涵盖三大部分，第一部分为建设工程合同管理的法律基础和依据；对应第 1 章和第 2 章（长安大学刘春江编写）；第二部分为工程项目建设全寿命周期各个阶段的合同管理，对应第 3 章至第 9 章（西安邮电大学张晓娇编写第 3 章、第 9 章；西安建筑科技大学华珊编写第 4 章、第 6 章；武汉理工大学李蒙编写第 8 章；长安大学刘春江编写第 5 章、第 7 章）；第三部分为建设工程合同管理的拓展知识，即 FIDIC 条件下的合同管理，对应第 10 章（长安大学刘春江编写）。

本书可以作为土建类高等院校工程管理专业本科学生的教学与参考用书，也可作为土木工程、法律、经济管理等专业学生选修课的教学用书。同时，本书也可以作为一线工程管理人员工作及建筑类职业资格注册考试人员的参考用书。

本书在章节安排、内容确定及知识点把握等方面得到西安建筑科技大学闫文周教授的悉心指导和大力帮助，特此表示诚挚感谢！本书在成书过程中也得到了西安建筑科技大学、长安大学、西安邮电大学、武汉理工大学等高校多位专家、学者和同行的支持和帮助，参考了很多专家、学者的专著和教材成果，在此一并表示深深的感谢。

书中难免有疏漏之处，敬请广大读者多提宝贵意见和批评指正，以期编者在以后的改版中修正和完善。

编者于佛罗里达大学

2017 年 5 月 18 日

目录

第 1 章
建设工程合同管理法律基础

主要内容：合同法律关系的概念，构成要素及产生、变更和消灭；代理制度、诉讼时效制度、担保法律制度、合同公证与鉴证制度。

教学要求：了解法律基础知识、掌握合同法律关系和代理制度、诉讼时效制度、担保法律制度、合同公证与鉴证制度相关知识。

1.1 合同法律关系

1.1.1 法律关系的概念和特征

人类在长期改造自然、改造社会的实践活动中形成了复杂多样的、多种层次的社会关系，正如马克思所说："人是一切社会关系的总和。"社会关系可以从不同的角度被划分为不同的类型，比如从社会关系的主体和范围不同可以划分为个人之间的关系，群体、阶级、民族内部及相互之间的关系，国内和国际关系等；从社会关系的不同领域可以划分为经济关系、政治关系、法律关系、伦理道德关系、宗教关系等；从社会关系包含的矛盾性质，可以把社会关系划分为对抗性关系和非对抗性关系。

当某一种社会关系被法律规范调整时就上升为一种法律关系，也就是说，法律关系是由法律规范所调整的人与人之间以权利和义务为内容的社会关系。法律关系作为被法律规范调整的特定社会关系，具有如下三个基本特征。

（1）法律关系是以法律规范为前提的社会关系

法律关系与法律规范两者之间的关系可以从两个方面来理解：一方面，法律规范是法律关系存在的前提，没有相应的法律规范的存在就不可能产生法律关系；另一方面，法律关系是法律规范的实现形式，任何一种法律规范只有在具体的法律关系中才能得以实现。

（2）法律关系是以权利和义务为内容的社会关系

法律关系与其他社会关系的重要区别，就在于它是法律化的权利义务关系，是一种明确的、固定的权利义务关系。这种权利和义务可以是由法律明确规定的，也可以是由法律授权当事人在法律的范围内自行约定的。

（3）法律关系是以国家强制力保障的社会关系

如果某种社会关系被纳入法律调整的范围，就意味着国家对它实行了强制性的保护。这种国家的强制力主要体现在对法律责任的规定上。当法律关系受到破坏时，就意味着国家意志所授予的权利受到侵犯，意味着国家意志所设定的义务被拒绝履行。这时，权利受侵害一方就有权请求国家机关运用国家强制力，责令侵害方履行义务或承担未履行义务所应承担的法律责任。

法律关系构成要素的内涵不同，组成的法律关系也不同，诸如民事法律关系、劳动法律关系、行政法律关系、经济法律关系等。

1.1.2　合同法律关系的概念和构成要素

合同法律关系指由合同法律规范调整的当事人在民事流转过程中形成的权利义务关系。合同法律关系包括合同法律关系主体、合同法律关系客体、合同法律关系内容三个要素，缺少其中任何一个要素都不能构成合同法律关系，改变其中的任何一个要素就改变了原来设定的合同法律关系。

1.1.2.1　合同法律关系主体

合同法律关系主体，是参加合同法律关系，依法享有相应权利、承担相应义务的当事人。合同法律关系的主体可以是自然人、法人、其他组织。

（1）自然人

自然人是指基于出生而成为民事法律关系主体的有生命的人。《中华人民共和国民法通则》（以下简称《民法通则》）中使用"公民"一词，公民是指取得一国国籍并根据该国法律规定享有权利和承担义务的自然人。自然人既包括公民，也包括外国人和无国籍人，他们都可以作为合同法律关系的主体。

自然人要作为合同法律关系主体参与民事活动，必须具备相应的民事权利能力和民事行为能力。民事权利能力是民事法律赋予民事主体从事民事活动，从而享受民事权利和承担民事义务的资格。自然人的民事权利能力始于出生，终于死亡。民事行为能力是指民事主体能以自己的行为取得民事权利、承担民事义务的资格。《民法通则》根据年龄、健康与精神状况不同，将自然人分为完全民事行为能力人、限制民事行为能力人和无民事行为能力人，具体规定如下：

①《民法通则》第十一条规定十八周岁以上的公民是成年人，具有完全民事行为能力，可以独立进行民事活动，是完全民事行为能力人。十六周岁以上不满十八周岁的公民，以自己的劳动收入为主要生活来源的，视为完全民事行为能力人。

② 限制民事行为能力人包括两类，分别是十周岁以上的未成年人和不能完全辨认自己行为后果的精神病人。《民法通则》第十二条第一款规定，十周岁以上的未成年人是限制民事行为能力人，可以进行与他的年龄、智力相适应的民事活动；其他民事活动由他的法定代理人代理，或者征得他的法定代理人的同意。

③ 不满十周岁的未成年人是无民事行为能力人，由他的法定代理人代理民事活动。不能辨认自己行为的精神病人是无民事行为能力人，由他的法定代理人代理民事活动。

（2）法人

法人是具有民事权利能力和民事行为能力，依法独立享有民事权利和承担民事义务的组织。法人的民事权利能力和民事行为能力，从法人成立时产生，到法人终止时消灭。法人是规范经济秩序以及整个社会秩序的一项重要法律制度。通过法人制度，给组织赋予像自然人一样的民事权利能力和民事行为能力，从而使组织可以像自然人一样作为民事法律关系主体方便地参与到民事活动中。

根据《民法通则》第三十七条规定，法人必须同时具备以下四个条件，缺一不可。

① 依法成立。依法成立是指依照法律规定而成立。首先，法人组织的设立合法，其设立的目的、宗旨要符合国家和社会公共利益的要求，其组织机构、设立方案、经营范围、经营方式等要符合法律的要求；其次，法人的成立程序符合法律、法规的规定。

② 有必要的财产和经费。法人作为独立的民事主体，要独立进行各种民事活动，独立承担民事活动的后果。必要的财产或者经费是法人生存和发展的基础，也是法人独立承担民事责任的物质基础。因此，法人具备必要的财产或者经费是法人应具备的最重要的基础条件。

③ 有自己的名称、组织机构和场所。法人应该有自己的名称，通过名称的确定使自己与其他法人相区别。法人对内进行事务管理，对外开展经营业务必须依法由组织机构完成。作为法人的场所，可以是自己所有的，也可以是租赁他人的。法人的场所可以是一个，也可以是多个。

④ 能够独立承担民事责任。指法人对自己的民事行为所产生的法律后果承担全部法律责任。法人承担民事责任以自己的财产或者经费为基础和限度。

法定代表人是指依法律或法人章程规定代表法人行使职权的负责人。我国法律实行单一法定代表人制，一般认为法人的正职行政负责人为其唯一法定代表人，如公司为董事长、执行董事或经理。

法人可以分为企业法人和非企业法人两大类，非企业法人包括行政法人、事业法人、社团法人。企业法人依法经工商行政管理机关核准登记后取得法人资格。企业法人分立、合并或者有其他重要事项变更，应当向登记机关办理登记并公告。企业法人分立、合并，它的权利和义务由变更后的法人享有和承担。有独立经费的机关从成立之日起，具有法人资格。具有法人条件的事业单位、社会团体，依法不需要办理法人登记的，从成立之日起，具有法人资格；依法需要办理法人登记的，经核准登记，取得法人资格。企业之间或者企业、事业单位之间联营，组成新的经济实体，独立承担民事责任、具备法人条件的，经主管机关核准登记，取得法人资格。

（3）其他组织

其他组织是指依法成立、有一定的组织机构和财产，但又不具备法人资格的组织。其他组织主要有法人的分支机构，不具备法人资格的联营体、合伙企业、个人独资企业等。其他组织也可以成为合同法律关系主体。

1.1.2.2　合同法律关系客体

合同法律关系客体，是指参加合同法律关系的主体享有的权利和承担的义务所共同指向的对象。合同法律关系的客体主要包括财、物、行为、智力成果。

（1）财

在合同法律关系客体中的财一般指资金及各种有价证券。建设工程合同法律关系中表现为财的客体主要是建设资金，如基本建设贷款合同的标的，即一定数量的货币。

（2）物

法律意义上的物是指可为人们控制并具有经济价值的生产资料和消费资料，可以分为动产和不动产、流通物与限制流通物、特定物与种类物等。在建设工程合同法律关系中，建筑材料、建筑设备、建筑物等都可能成为合同法律关系的客体。

（3）行为

法律意义上的行为是指人的有意识的活动。在建设工程合同法律关系中，行为多表现为完成一定的工作，如勘察、设计、施工安装等，这些行为都可以成为合同法律关系的客体。

（4）智力成果

智力成果是指人们通过智力劳动创造的精神财富或精神产品，包括专利、著作、商业秘密等。智力成果可以成为合同法律关系的客体。依靠智力成果产生的权利叫知识产权，是由智力劳动者对其成果依法享有的一种权利。

1.1.2.3　合同法律关系内容

合同法律关系的内容是指合同约定和法律规定的权利和义务。权利是指合同法律关系主体在法定范围内，按照合同的约定有权按照自己的意志作出某种行为。义务是指合同法律关系主体必须按法律规定或约定承担应负的责任。

1.1.3　合同法律关系的产生、变更与消灭

民事法律关系只有在一定的情况下才能产生，同样这种法律关系的变更和消灭也是由一定情况决定的。这种引起民事法律关系产生、变更和消灭的情况，即是人们通常称之为的法律事实。法律事实即是民事法律关系产生、变更和消灭的原因。法律事实包括行为和事件。

（1）行为

行为是指人的有意识的活动。行为既包括作为，也包括不作为，还可以分为善意行为与恶意行为；依据行为的合法性，行为还可以分为合法行为与违法行为，它们均可能引起法律上权利义务的产生、变更与消灭。

（2）事件

事件是指法律规定的，不以人的意志为转移的能够引起法律关系的产生、变更、消灭的客观情况。事件可以分为社会事件和自然事件，前者如社会革命、战争，后者如地震、洪水等自然灾害。

1.2　建设工程合同管理相关法律制度

法律制度是指一个国家或地区的所有法律原则和规则的总称。与建设工程合同管理相关的主要法律制度包括代理制度、诉讼时效制度、担保制度、公证与鉴证制度等，这些法律制度贯穿建设工程合同订立和履行管理的全过程，是建设工程合同管理知识体系的重要组成部分。

1.2.1　代理制度

代理是指代理人在代理权限内，以被代理人的名义实施民事法律行为。被代理人对代理人的代理行为承担民事责任。依照法律规定或者按照双方当事人约定，应当由本人实施的民事法律行为，不得代理。

以代理权产生的依据不同，代理可分为委托代理、法定代理和指定代理三种类型。

（1）委托代理

委托代理是根据被代理人的委托授权而产生的代理。民事法律行为的委托代理，可以用书面形式，也可以用口头形式。法律规定用书面形式的，应当用书面形式。

书面委托代理的授权委托书应当载明代理人的姓名或者名称、代理事项、权限和期间，并由委托人签名或者盖章。委托书授权不明的，被代理人应当向第三人承担民事责任，代理人负连带责任。

（2）法定代理

法定代理是基于法律的直接规定而产生的代理。法定代理主要为无民事行为能力人、限制民事行为能力人能够顺利和方便地参与民事活动而设立。无民事行为能力人、限制民事行为能力人的监护人是他的法定代理人。

（3）指定代理

指定代理是根据主管机关或人民法院的指定而产生的代理。指定代理只在没有委托代理人和法定代理人的情况下适用。在指定代理中，被指定的人称为指定代理人，依法被指定为代理人的，如无特殊原因不得拒绝担任代理人。

《民法通则》对于无权代理及其法律后果作了专门规定。无权代理包括没有代理权、超越代理权或者代理权终止后的代理行为。对于无权代理行为的法律后果，被代理人可以行使"追认权"或"拒绝权"。《民法通则》规定，无权代理行为只有经过被代理人的追认，被代理人才承担民事责任。未经追认的行为，由行为人承担民事责任。本人知道他人以本人名义实施民事行为而不作否认表示的，视为同意。代理人不履行职责而给被代理人造成损害的，应当承担民事责任。代理人和第三人串通，损害被代理人的利益的，由代理人和第三人负连带责任。

《民法通则》关于代理的终止作了如下规定。

（1）委托代理终止

有下列情形之一的，委托代理终止：

① 代理期间届满或者代理事务完成；

② 被代理人取消委托或者代理人辞去委托；

③ 代理人死亡；

④ 代理人丧失民事行为能力；

⑤ 作为被代理人或者代理人的法人终止。

（2）法定代理或者指定代理终止

有下列情形之一的，法定代理或者指定代理终止：

① 被代理人取得或者恢复民事行为能力；

② 被代理人或者代理人死亡；

③ 代理人丧失民事行为能力；

④ 指定代理的人民法院或者指定单位取消指定；

⑤ 由其他原因引起的被代理人和代理人之间的监护关系消灭。

1.2.2　诉讼时效制度

1.2.2.1　诉讼时效的概念

诉讼时效是指民事权利受到侵害的权利人向人民法院提起诉讼，请求保护其权利的法定期限。也就是说，权利人在法定的时效期间内不行使权利，当时效期间届满时，人民法院对权利人的权利不再进行保护。

民法上建立诉讼时效制度，目的在于督促权利人及时行使权利，提高司法系统运行效率，维护社会经济秩序的稳定并保护交易安全。

1.2.2.2 诉讼时效的法律要件

（1）存在请求权

诉讼时效目的在于督促权利人行使权利，请求权有无是时效发生的首要条件。对于请求权属于哪种类型的，究竟属于所有的请求权，还是仅仅适用于债权请求权，我国法律没有明确规定，从《民法通则》和《最高人民法院关于审理民事案件适用诉讼时效制度若干问题的规定》的相关规定看，诉讼时效仅适用于债权请求权，不适用于物权请求权。

（2）有怠于行使权利的事实

怠于行使权利，是过错不行使权利的状态。如果权利人不知其权利存在，或虽知晓其权利存在，但无法行使其权利的，一般时效期间不开始。

（3）怠于行使权利状态持续存在达到法定期间

即怠于行使权利处于持续状态，中间如有行使权利或义务人认诺等，时效就中断；持续状态达到法定期间，是要求不行使权利持续到法律所规定的时间，这一期间即时效期间。

1.2.2.3 诉讼时效的法律效力

（1）胜诉权消灭

《民法通则》第一百三十五条规定，向人民法院请求保护民事权利的诉讼时效期间为二年，法律另有规定的除外。法律规定中，将诉讼时效期间届满所消灭的权利限定为是"向人民法院请求保护"的民事权利，即诉讼时效期间届满时，权利人丧失的是胜诉权，而非实体权利。

（2）实体权利不消灭

《民法通则》第一百三十八条规定，超过诉讼时效期间，当事人自愿履行的，不受诉讼时效限制。即诉讼时效届满，实体权利不消灭，债权人对于债务人自愿履行的债务，仍享有受领保持力，债务人履行义务后，不得请求返还。

1.2.2.4 诉讼时效类型

（1）一般诉讼时效

《民法通则》第一百三十五条规定，向人民法院请求保护民事权利的诉讼时效期间为二年，法律另有规定的除外。

（2）短期诉讼时效

《民法通则》第一百三十六条规定，"身体受到伤害要求赔偿的""出售质量不合格的商品未声明的""延付或者拒付租金的"以及"寄存财物被丢失或者损毁的"四种情形，诉讼时效期间为1年。

（3）长期诉讼时效

长期诉讼时效，指时效期间比普通诉讼时效的二年要长，但不到二十年的诉讼时效。《民法通则》规定，诉讼时效期间从权利被侵害之日起超过二十年的，人民法院不予保护。有特殊情况的，人民法院可以延长诉讼时效期间。

（4）特殊诉讼时效

特殊诉讼时效是指由特别法规定的诉讼时效。比如，《合同法》第一百二十九条规定，因国际货物买卖合同和技术进出口合同争议提起诉讼或者申请仲裁的期限为四年，自当事人知道或者应当知道其权利受到侵害之日起计算。因其他合同争议提起诉讼或者申请仲裁的期限，依照有关法律的规定。

1.2.2.5 诉讼时效期间的起算

诉讼时效期间的开始，它是从权利人知道或应当知道其权利受到侵害之日起开始计算，即从权利人能行使请求权之日开始算起。根据我国的法律规定和司法实践，结合各类民事法律关系的不同特点，诉讼时效起算有不同的情况：

① 附条件的或附期限的债的请求权，从条件成就或期限届满之日起算。

② 定有履行期限的债的请求权，从清偿期届满之时的日开始起算。当事人约定同一债务分期履行的，诉讼时效期间从最后一期履行期限届满之日起计算。

③ 未定有履行期限或者履行期限不明确的债的请求权，从债权人给予债务人清偿债务的宽限期届满之日起算。但债务人在债权人第一次向其主张权利之时明确表示不履行义务的，诉讼时效期间从债务人明确表示不履行义务之日起计算。

④ 因侵权行为而发生的赔偿请求权，从受害人知道或者应当知道其权利被侵害或者损害时起算。人身伤害损害赔偿的诉讼时效期间，伤害明显的，从受伤之日起算；伤害当时未发现，后经检查确诊的，从伤势确诊之日起算。对于这类因侵权行为而发生的赔偿请求权，计算诉讼时效的起算点时，必须要求请求权人知道侵害事实和加害人。

⑤ 请求他人不作为的债权的请求权，应当自义务人违反不作为义务时起算。

⑥ 国家赔偿的诉讼时效的起算，自国家机关及其工作人员行使职权时的行为被依法确认为违法之日起算。

⑦ 撤销权人请求撤销合同的，受一年除斥期间的限制。但在合同被撤销后，返还财产、赔偿损失请求权的诉讼时效期间从合同被撤销之日起计算。

⑧ 返还不当得利请求权的诉讼时效期间，从当事人一方知道或者应当知道不当得利事实及对方当事人之日起计算。管理人因无因管理行为产生的给付必要管理费用、赔偿损失请求权的诉讼时效期间，从无因管理行为结束并且管理人知道或者应当知道本人之日起计算。本人因不当无因管理行为产生的赔偿损失请求权的诉讼时效期间，从其知道或者应当知道管理人及损害事实之日起计算。

1.2.2.6 诉讼时效的中止和中断

（1）诉讼时效中止

在诉讼时效进行中，因一定法定事由的出现，阻碍权利人提起诉讼，法律规定暂时中止诉讼时效期间的计算，待阻碍诉讼时效的法定事由消失后，诉讼时效继续进行，累计计算。

《民法通则》第一百三十九条规定，在诉讼时效期间的最后六个月，因不可抗力或者其他障碍不能行使请求权的，诉讼时效中止。从中止诉讼时效的原因消除之日起，诉讼时效期间继续计算。

发生诉讼时效中止的法定事由包括：

① 不可抗力。指的是不能预见、不能避免并不能克服的客观情况，包括自然灾害和非出于权利人意思的"人祸"，例如瘟疫、暴乱等。

② 法定代理人未确定或丧失民事行为能力。

③ 其他。例如继承开始后，继承人或遗产管理人尚未确定时，其时效可中止等等。

（2）诉讼时效中断

在诉讼时效进行中，因一定法定事由的发生，阻碍时效的进行，致使以前经过的诉讼时效期间统归无效，待中断事由消除后，其诉讼时效期间重新计算。

《民法通则》第一百四十条规定，诉讼时效因提起诉讼、当事人一方提出要求或者同意履行义务而中断。从中断时起，诉讼时效期间重新计算。诉讼时效以权利人消极不行使权利为前提条件，若此状态不存在，诉讼时效即因欠缺要件，其已进行的时效期间应归无效。

发生诉讼时效中断的事由包括：

① 权利人的请求。指的是权利人于诉讼外向义务人请求其履行义务的意思表示。权利人提出请求，使不行使权利的状态消除，诉讼时效也由此中断。

② 义务人的同意。是指义务人向权利人表示同意履行义务的意思。义务人的同意，亦即对权利人之权利的承认。

③ 提起诉讼或仲裁。是指权利人提起民事诉讼或申请仲裁，请求法院或仲裁庭保护其权利的行为。

1.2.3　担保法律制度

担保法律制度是指当事人根据法律规定或者双方约定，为促使债务人履行债务，实现债权人的权利的法律制度。担保通常由当事人双方订立担保合同。担保合同是主合同的从合同，主合同无效，担保合同无效。担保合同另有约定的，按照约定。《中华人民共和国担保法》（以下简称《担保法》）规定的担保方式为保证、抵押、质押、留置和定金五种，分别介绍如下。

1.2.3.1　保证

（1）保证的概念

保证是指保证人和债权人约定，当债务人不履行债务时，保证人按照约定履行债务或者承担责任的行为。保证法律关系至少有三方参加，即保证人、被保证人（债务人）和债权人。

（2）保证人的资格

具有代为清偿债务能力的法人、其他组织或者公民，可以作为保证人。但是，以下组织不能作为保证人：

① 国家机关不得为保证人，但经国务院批准为使用外国政府或者国际经济组织贷款进行转贷的除外。

② 学校、幼儿园、医院等以公益为目的的事业单位、社会团体不得为保证人。

③ 企业法人的分支机构、职能部门不得为保证人。

企业法人的分支机构有法人书面授权的，可以在授权范围内提供保证。

（3）保证合同的内容

保证人与债权人应当以书面形式订立保证合同。保证人与债权人可以就单个主合同分别订立保证合同，也可以协议在最高债权额限度内就一定期间连续发生的借款合同或者某项商品交易合同订立一个保证合同。

保证合同的内容包括：①被保证的主债权种类、数额；②债务人履行债务的期限；③保证的方式；④保证担保的范围；⑤保证的期间；⑥双方认为需要约定的其他事项。

（4）保证方式

保证方式分为一般保证和连带责任保证。一般保证的保证人在主合同纠纷未经审判或者仲裁，并就债务人财产依法强制执行仍不能履行债务前，对债权人可以拒绝承担保证责任。

当事人在保证合同中约定保证人与债务人对债务承担连带责任的，为连带责任保证。连带责任保证的债务人在主合同规定的债务履行期届满没有履行债务的，债权人可以要求债务人履行债务，也可以要求保证人在其保证范围内承担保证责任。

当事人对保证方式没有约定或者约定不明确的，按照连带责任保证承担保证责任。

（5）保证责任范围和保证期间

保证担保的范围包括主债权及利息、违约金、损害赔偿和实现债权的费用。保证合同另有约定的，按照约定。当事人对保证责任范围无约定或约定不明确的，保证人应对全部债务承担责任。

保证期间，债权人依法将主债权转让给第三人的，保证人在原保证担保的范围内继续担保保证责任。保证合同另有约定的，按照约定执行。保证期间，债权人许可债务人转让债务的，应当取得保证人书面同意，保证人对未经其同意转让的债务，不再承担债务。

债权人与债务人协议变更主合同的，应当取得保证人书面同意，未经保证人书面同意的，保证人不再承担保证责任。保证合同另有约定的，按照约定执行。

1.2.3.2　抵押

（1）抵押的概念

抵押是指债务人或者第三人向债权人以不转移占有的方式提供一定的财产作为抵押物，用以担保债务履行的担保方式。债务人或者第三人为抵押人，债权人为抵押权人，提供担保的财产为抵押物。

下列财产可以抵押：

① 抵押人所有的房屋和其他地上定着物；

② 抵押人所有的机器、交通运输工具和其他财产；

③ 抵押人依法有权处分的国有的土地使用权、房屋和其他地上定着物；

④ 抵押人依法有权处分的国有的机器、交通运输工具和其他财产；

⑤ 抵押人依法承包并经发包方同意抵押的荒山、荒沟、荒丘、荒滩等荒地的土地使用权；

⑥ 依法可以抵押的其他财产。

抵押人可以将上述所列财产一并抵押。

以依法取得的国有土地上的房屋抵押的，该房屋占用范围内的国有土地使用权同时抵押。以出让方式取得的国有土地使用权抵押的，应当将抵押时该国有土地上的房屋同时抵押。

乡（镇）、村企业的土地使用权不得单独抵押。以乡（镇）、村企业的厂房等建筑物抵押的，其占用范围内的土地使用权同时抵押。

下列财产不得抵押：

① 土地所有权；

② 耕地、宅基地、自留地、自留山等集体所有的土地使用权；

③ 学校、幼儿园、医院等以公益为目的的事业单位、社会团体的教育设施、医疗卫生设施和其他社会公益设施；

④ 所有权、使用权不明或者有争议的财产；

⑤ 依法被查封、扣押、监管的财产；

⑥ 依法不得抵押的其他财产。

（2）抵押合同的内容

抵押人和抵押权人应当以书面形式订立抵押合同。抵押合同应当包括以下内容：

① 被担保的主债权种类、数额；

② 债务人履行债务的期限；

③ 抵押物的名称、数量、质量、状况、所在地、所有权权属或者使用权权属；

④ 抵押担保的范围；

⑤ 当事人认为需要约定的其他事项。

（3）抵押的登记生效规定

抵押人以土地使用权、房地产等作为抵押物，当事人应到有关主管登记部门办理抵押物登记手续，抵押合同自登记之日起生效。以其他财产抵押的，可以自愿办理抵押物登记，抵押合同自签订之日起生效。

（4）抵押的效力

抵押担保范围包括主债权及利息、违约金、损害赔偿金和实现抵押权的费用。抵押合同另有约定的，按约定。

抵押期间，抵押人转让已办理登记抵押物，应通知抵押权人并告知受让人转让物已抵押的情况；抵押人未通知抵押权人或者未告知受让人的，转让行为无效。

转让抵押物和价款明显低于其价值的，抵押权人可以要求抵押人提供相应的担保；抵押人不提供的，转让行为无效。

抵押人转让抵押物所得的价款，应当向抵押权人提前清偿所担保的债权或向约定的第三人提存。超过债权部分，归抵押人所有，不足部分由债务人清偿。

抵押权与其担保的债权同时存在，债权消灭，抵押权也消灭。

（5）抵押权的实现

债务履行期届满抵押权人未受清偿，债权人可以与抵押人协议以抵押物折价或者以拍卖、变卖该抵押物所得的价款（优先）受偿。协议不成的，抵押权人可向人民法院提起诉讼。抵押物折价或者拍卖、变卖后，其价款超过债权数额的部分归抵押人所有，不足部分由债务人清偿。

1.2.3.3　质押

（1）质押的概念

质押，是指债务人或第三人将其动产或权利移交债权人占有，用以担保债权的实现，当债务人不能履行债务时，债权人依法有权就该动产或权利优先得到清偿的担保法律行为。

债权人即质权人，债务人或者第三人为出质人。出质人移交的动产为质物。质权是一种约定的担保物权，以转移占有为特征。

（2）质押合同的内容

质押合同应当包括以下内容：

① 被担保的主债权种类、数额；

② 债务人履行债务的期限；

③ 质物的名称、数量、质量、状况；

④ 质押担保的范围；

⑤ 质物移交的时间；

⑥ 当事人认为需要约定的其他事项。

（3）质押的分类

质押可分为动产质押和权利质押。

① 动产质押　是指债务人或者第三人将其动产移交债权人占有，将该动产作为债权的担保。能够用作质押的动产没有限制。动产质押应以书面形式订立动产质押合同，自质物移交质权人占有时生效。

质押担保包括主债权及利息、违约金、损害赔偿金、质物保管费用和实现质权的费用。质权人有权收取质物孳息。

质权人负有妥善保管质物的义务。因保管不善致使质物灭失或毁损，质权人应承担民事责任。可能致使灭失或毁损的，出质认可要求质权人将质物提存，或要求提前清偿债权而返还质物。

债务履行期届满债务人履行债务的，或出质人提前清偿所担保债权，质权人应返还质物。未受清偿，折价、拍卖、变卖质物。超出部分归出质人，不足部分由债务人清偿。

为债务人提供质押担保的第三人，在质权人实现质权后，可向债务人追偿，质权与其担保的债务同时存在，债权消灭的质权也消灭。

② 权利质押　权利质押一般是指将权利凭证交付质押人的担保。可以质押的权利包括：

a. 汇票、支票、本票、债券、存款单、仓单、提单；

b. 依法可以转让的股份、股票；

c. 依法可以转让的商标专用权、专利权、著作权中的财产权；

d. 依法可以质押的其他权利。

以汇票、支票、本票、债券、存款单、仓单、提单出质的，应当在合同约定的期限内将权利凭证交付质权人。质押合同自权利凭证交付之日起生效。

以载明兑现或者提货日期的汇票、支票、本票、债券、存款单、仓单、提单出质的，汇票、支票、本票、债券、存款单、仓单、提单兑现或者提货日期先于债务履行期的，质权人可以在债务履行期届满前兑现或者提货，并与出质人协议将兑现的价款或者提取的货物用于提前清偿所担保的债权或者向与出质人约定的第三人提存。

以依法可以转让的股票出质的，出质人与质权人应当订立书面合同，并向证券登记机构办理出质登记。质押合同自登记之日起生效。

股票出质后，不得转让，但经出质人与质权人协商同意的可以转让。出质人转让股票所得的价款应当向质权人提前清偿所担保的债权或者向与质权人约定的第三人提存。

以有限责任公司的股份出质的，适用公司法股份转让的有关规定。质押合同自股份出质记载于股东名册之日起生效。

以依法可以转让的商标专用权、专利权、著作权中的财产权出质的，出质人与质权人应当订立书面合同，并向其管理部门办理出质登记。质押合同自登记之日起生效。

1.2.3.4　留置

留置，是指债权人按照合同约定占有对方（债务人）的财产，当债务人不能按照合同约定期限履行债务时，债权人有权依照法律规定留置该财产并享有处置该财产得到优先受偿的权利。

适用留置的合同范围主要包括保管合同、运输合同、加工承揽合同。担保的范围包括主债权及利息、违约金、损害赔偿金、留置物保管费用和实现留置权的费用。留置权人负有妥善保管留置物的义务。因保管不善致使留置物灭失或损毁，应承担民事责任。

债权人与债务人应当在合同中约定，债权人留置财产后，债务人应当在不少于两个月的期限内履行债务。债权人与债务人在合同中未约定的，债权人留置债务人财产后，应当确定两个月以上的期限，通知债务人在该期限内履行债务。

债务人逾期仍不履行的，债权人可以与债务人协议以留置物折价，也可以依法拍卖、变卖留置物。留置物折价或者拍卖、变卖后，其价款超过债权数额的部分归债务人所有，不足部分由债务人清偿。

留置权因下列原因消灭：

① 债权消灭的；

② 债务人另行提供担保并被债权人接受的。

1.2.3.5 定金

定金，是指当事人双方为了保证债务的履行，约定由当事人一方先行支付给对方一定数额的货币作为担保。定金的数额由当事人约定，但不得超过主合同标的额的20%。定金合同要采用书面形式，并在合同中约定交付定金的期限。定金合同从实际交付定金之日生效。债务人履行债务后，定金应当抵作价款或者收回。

给付定金的一方不履行约定的债务的，无权要求返还定金；收受定金的一方不履行约定的债务的，应当双倍返还定金。

1.2.4 合同公证与鉴证制度

1.2.4.1 合同公证的概念和原则

2006年3月1日实施的《中华人民共和国公证法》（以下简称《公证法》）所称公证，是公证机构根据自然人、法人或者其他组织的申请，依照法定程序对民事法律行为、有法律意义的事实和文书的真实性、合法性予以证明的活动。《公证法》对公证的定义包含如下几层含义：

① 公证主体是公证机构而不是公证员。实行机构本位制度符合中国国情，有利于保持和提高公证行业的社会公信度；有利于弥补和防止公证实行个人本位可能带来的弊端和局限性，保持和提高公证质量；有利于增强公证行业抵御责任风险的能力；有利于增强公证行业自律，降低行政管理和行业管理的成本，促进公证业的健康发展。

② 公证始于自然人、法人或者其他组织的申请。公证开始于自然人、法人或者其他组织向公证机构提出公证申请，然后公证机构才能启动受理程序，也就是说，公证机构不能自己主动为当事人办理公证。

③ 公证要依照法定程序进行。公证人员应当根据不同公证事项的不同办证规则，依照法定程序为当事人办理公证，这是履行效力义务的保障。

④ 公证证明的对象是民事法律行为、有法律意义的事实和文书。就公证业务而言，证明民事法律行为一般有以下几种：证明合同，证明继承，证明单方法律行为，证明招标投标、拍卖，收养、认领亲子等活动。有法律意义的事实，是指能够引起民事法律关系发生、变更或者消灭的客观事实或者现象，具体可分为事件和行为两类。证明有法律意义的事实，一般有以下几种：证明法律事件，如不可抗力的自然灾害等；证明未受刑事处罚、经历等有法律意义的事实。有法律意义的文书，是指有特定法律意义的各种文件、证书以及文字材料的总称。证明有法律意义的文书，如证明文书的签字、印鉴和日期，证明文书的副本、节本、影印本等与原本相符，等等。

⑤ 公证证明的法律意义是被证明对象的真实性和合法性。根据公证事项的不同，对真实性、合法性的具体内涵和要求也不同，所以不同办证规则有不同的标准，对真实性、合法性的具体把握，须根据不同办证规则来确定。

合同公证是指公证机构根据合同当事人申请，依照法定程序对合同当事人资格、合同形式、内容以及签订过程进行审查，对其真实性和合法性予以证明的活动。

公证的原则主要体现在如下几方面。

① 依法原则。依法办证原则要求公证机构办证应当遵守公证法及与其相配套的行政法规和规章中有关的公证程序规范；公证机构办证应当遵守与公证事项相关的民商实体法规范，这是公证证明合法性的必然要求，公证机构及其公证员履行职责时要运用这些实体法规范为当事人提供服务。

② 客观原则。所谓客观就是指公证机构及其公证员在办证过程中，必须忠于客观事实，不能凭借主观想象、猜测来办证。公证机构及其公证员办理公证在遵守有关法律的同时，还应做到客观，客观原则是公信力的必然要求。

③ 公正原则。公证人不是单纯为任何一方当事人的利益服务，而是为公证各方当事人乃至为整个社会的利益服务，其承担的责任也不是单纯为任何一方当事人甚至双方当事人，而是为公共利益而承担。如果公证主体不能公正地平衡公证各方当事人的利益，引导他们达成合法、公平的协议，以此保障法律安全，则公证制度就应该被否定。因此，公正原则是公证的生命线。

1.2.4.2　合同公证的程序

合同公证的程序主要包括申请、受理、审查、出具公证书四个步骤。

（1）当事人申请公证

自然人、法人或者其他组织申请办理合同公证，可以自己向住所地、经常居住地、行为地或者事实发生地的公证机构提出，如委托代理人代为申请公证，委托代理人须提交授权委托书。

申请办理公证的当事人应当向公证机构如实说明申请公证事项的有关情况，提供真实、合法、充分的证明材料；提供的证明材料不充分的，公证机构可以要求补充。

（2）公证机构受理公证

公证机构受理公证申请后，应当告知当事人申请公证事项的法律意义和可能产生的法律后果，并将告知内容记录存档。

（3）公证机构审查公证

公证机构办理公证，应当根据不同公证事项的办证规则，分别审查下列事项：

① 当事人的身份、申请办理该项公证的资格以及相应的权利；

② 提供的文书内容是否完备，含义是否清晰，签名、印鉴是否齐全；

③ 提供的证明材料是否真实、合法、充分；

④ 申请公证的事项是否真实、合法。

公证员应当参照上述审查事项，对合同进行全面审查，既要审查合同的真实性和合法性，也要审查当事人的身份和行使权利、履行义务的能力。

公证机构对申请公证的事项以及当事人提供的证明材料，按照有关办证规则需要核实或者对其有疑义的，应当进行核实，或者委托异地公证机构代为核实，有关单位或者个人应当依法予以协助。

（4）公证机构出具公证书

公证机构经审查，认为申请提供的证明材料真实、合法、充分，申请公证的事项真实、合法的，应当自受理公证申请之日起十五个工作日内向当事人出具公证书。但是，因不可抗力、补充证明材料或者需要核实有关情况的，所需时间不计算在期限内。

有下列情形之一的，公证机构不予办理公证：

① 无民事行为能力人或者限制民事行为能力人没有监护人代理申请办理公证的；

② 当事人与申请公证的事项没有利害关系的；

③ 申请公证的事项属专业技术鉴定、评估事项的；

④ 当事人之间对申请公证的事项有争议的；

⑤ 当事人虚构、隐瞒事实，或者提供虚假证明材料的；

⑥ 当事人提供的证明材料不充分或者拒绝补充证明材料的；

⑦ 申请公证的事项不真实、不合法的；

⑧ 申请公证的事项违背社会公德的；

⑨ 当事人拒绝按照规定支付公证费的。

公证书应当按照国务院司法行政部门规定的格式制作，由公证员签名或者加盖签名章并加盖公证机构印章。公证书自出具之日起生效。

公证书应当使用全国通用的文字；在民族自治地方，根据当事人的要求，可以同时制作当地通用的民族文字文本。公证书需要在国外使用，使用国要求先认证的，应当经中华人民共和国外交部或者外交部授权的机构和有关国家驻中华人民共和国使（领）馆认证。

当事人应当按照规定支付公证费。对符合法律援助条件的当事人，公证机构应当按照规定减免公证费。

1.2.4.3　合同鉴证的概念和原则

合同鉴证是为减少合同争议和违法合同，保护当事人的合法权益，提高合同履约率，工商行政管理机关根据合同当事人的申请，审查合同的真实性、合法性的一种监督管理制度。

我国的合同鉴证实行的是自愿申请原则，合同鉴证根据双方当事人的申请办理。法律、法规、规章规定应当鉴证的，双方当事人应当到工商行政管理机关办理鉴证手续。

1.2.4.4　合同鉴证的地域管辖和审查内容

合同鉴证可以到合同签订地、合同履行地工商行政管理机关办理；经过工商行政管理机关登记的当事人，还可以到登记机关所在地办理鉴证。法律、法规、规章另有规定的，从其规定。

合同当事人商定到登记机关所在地工商行政管理机关办理鉴证，但双方当事人不在同一地登记，或者虽在同一地但不在同一登记机关登记的，由当事人选择。

合同当事人登记机关所在地与当事人住所地不一致的，由当事人协商。

合同鉴证应当审查的主要内容包括：

① 合同主体是否合格；

② 合同内容是否违反法律、法规、规章；

③ 合同标的是否为国家禁止买卖或者限制经营；

④ 合同当事人意思表示是否真实；

⑤ 合同签字人是否具有合法身份和资格，代理人的代理行为是否合法有效；

⑥ 合同主要条款是否齐全，文字表达是否准确，手续是否完备。

1.2.4.5 合同公证与合同鉴证的相同点与不同点

合同公证与合同鉴证的相同之处在于，都实行自愿申请原则；合同公证与鉴证的内容和范围相同；合同公证与鉴证的目的都是为了证明合同的合法性与真实性。

合同公证与合同鉴证的不同之处主要表现在以下几方面。

（1）出证的机关不同

合同公证机关是司法行政机关下属的公证处。合同鉴证机关是我国各级工商行政管理机关。

（2）出证的性质不同

公证，是一种司法制度，属司法性质。鉴证，是一种行政管理制度，属于行政监督措施。

（3）证明的范围不同

鉴证，只适用于合同，是对合同的真实性和合法性的一种证明。而公证，则对法律行为、有法律意义的文书和事实的合法性都可以进行证明。

（4）出证的方式不同

鉴证时，鉴证人应在原合同文本上签署鉴证意见，并签名和加盖工商行政管理局合同鉴证章，同时发给当事人鉴证通知书。而公证时，公证人员应按统一的格式出具公证书，不能在原合同文书上签字盖章。

（5）法律效力不同

经过鉴证的合同，如果一方违约，当事人可向原鉴证机关申请调解或按约定去仲裁；也可以发生纠纷直接向人民法院诉讼。经过鉴证的合同不能作为申请法院强制执行的依据，而且只在我国行政区域内具有法律约束力。

经过公证的合同，如果一方不履行时，当事人可以向公证处申请，公证处认为真实、合法，而且具备了一定条件，则可证明此合同有强制执行的效力，当事人可向有管辖权的人民法院申请执行。经过公证的合同，同时具有域内域外的法律效力。

思 考 题

1. 合同法律关系的构成要素包括哪些内容？
2. 代理的概念和类型是什么？无权代理有哪些形式？
3. 什么是诉讼时效？短期诉讼时效包括哪些情形？
4. 诉讼中止与诉讼中断的异同点是什么？
5. 我国法定的担保方式有哪几种？
6. 抵押与质押的不同点有哪些？
7. 定金担保合同中，如果给付定金或者收到定金的当事人不履行约定债务，定金应如何处理？
8. 合同公证与合同鉴证的异同点是什么？

第 2 章

合同法律制度

主要内容：合同概念、法律特征、分类、形式、内容及《合同法》基本原则；合同的订立、生效和履行；合同变更、转让和终止；合同争议解决方式。

教学要求：掌握合同概念、类别及基本原则；掌握合同订立过程；掌握合同有效的条件及无效合同的情形；掌握合同履行中的抗辩权；掌握合同争议的解决方式；熟悉合同的分类和形式；熟悉合同变更和转让的相关规定；了解《合同法》调整的范围和内容。

2.1 合同法概述

2.1.1 合同的概念和特征

1999 年 10 月 1 日施行的《中华人民共和国合同法》（以下简称《合同法》）所称合同，是平等主体的自然人、法人、其他组织之间设立、变更、终止民事权利义务关系的协议。合同作为一种民事法律行为，是当事人协商一致的产物，是两个以上的意思表示相一致的协议。只有当事人所作出的意思表示合法，合同才具有法律约束力。因此，《合同法》所指合同具有如下特征。

① 合同是一种民事法律行为。民事法律行为是指公民或法人以设立、变更、终止民事权利和民事义务关系为目的的具有法律约束力的合法民事行为。合同是合同当事人意思表示的结果，是以设立、变更、终止民事权利义务为目的，且合同的内容即合同当事人之间达成权利义务关系是以意思表示为构成要素的行为。因而，合同是一种民事法律行为。

② 合同以当事人之间设立、变更、终止财产性民事权利义务关系为目的。广义的民事法律关系包括财产关系和人身关系，我国的《合同法》所指合同是规范财产关系的协议，而广义的合同还应包括婚姻、收养、监护等有关身份关系的协议，这些协议由其他法律规定，不属于我国《合同法》规范的合同。

③ 合同的本质是一种合意，也即一致意思表示。合同作为一种协议，其本质是一种合意，必须是两个以上意思表示一致的民事法律行为。因此，合同的缔结必须由双方当事人协商一致才能成立。

④ 合同依法成立，对当事人具有法律约束力。合同的当事人必须遵守《合同法》及相关法律法规的规定，按照法定程序订立合同，作出的意思表示必须合法，这样才能具有法律

约束力。合同中所确立的权利义务，必须是当事人依法可以享有的权利和能够承担的义务，这是合同具有法律约束力的前提。

2.1.2 《合同法》的调整对象和范围

《合同法》的调整对象为平等主体之间的民事权利义务关系，属于民事法律关系。不属于民事法律关系的其他活动，不适用《合同法》：

① 政府对经济的管理活动，属于行政管理关系，不适用《合同法》。例如，贷款、租赁、买卖等民事合同关系，适用《合同法》；而财政拨款、征收、征购等，是政府行使行政管理职权，属于行政关系，适用有关行政法，不适用《合同法》。

② 企业、单位内部的管理关系，是管理与被管理的关系，不是平等主体之间的关系，也不适用《合同法》。例如，加工承揽是民事关系，适用《合同法》；而工厂车间内的生产责任制，是企业的一种管理措施，不适用《合同法》。

从调整的范围来看，只调整民事法律关系中的财产关系，人身关系不属于《合同法》调整的范围。

2.1.3 《合同法》基本原则

《合同法》中规定了五条基本原则，成为约束合同当事人，贯穿于合同订立、履行全过程的基本法律准则。

（1）平等原则

平等原则是指地位平等的合同当事人，在权利义务对等的基础上，经充分协商达成一致，以实现互利互惠的经济利益目的的原则。这一原则包括以下三方面内容。

① 合同当事人的法律地位一律平等。在法律上，合同当事人是平等主体，没有高低、从属之分，不存在命令者与被命令者、管理者与被管理者。这意味着不论所有制性质，也不论单位大小和经济实力的强弱，其地位都是平等的。

② 合同中的权利义务对等。所谓"对等"，是指享有权利，同时就应承担义务，而且，彼此的权利、义务是相应的。这要求当事人所取得财产、劳务或工作成果与其履行的义务大体相当；要求一方不得无偿占有另一方的财产，侵犯他人权益。

③ 合同当事人必须就合同条款充分协商，取得一致，合同才能成立。合同是双方当事人意思表示一致的结果，是在互利互惠基础上充分表达各自意见，并就合同条款取得一致后达成的协议。因此，任何一方都不得凌驾于另一方之上，不得把自己的意志强加给另一方，更不得以强迫命令、胁迫等手段签订合同。同时还意味着凡协商一致的过程、结果，任何单位和个人不得非法干涉。例如，工商行政管理部门在依法维护市场秩序时，与企业之间是管理与被管理的关系，但在购买商品时，与企业的法律地位是平等的，不能因为是工商行政管理部门就可以不管企业愿意不愿意，将自己的意志强加给企业。法律地位平等是自愿原则的前提，如果当事人的法律地位不平等，就谈不上协商一致，谈不上什么自愿。

（2）自愿原则

自愿原则是合同法的重要基本原则，合同当事人通过协商，自愿决定和调整相互权利义务关系。自愿原则体现了民事活动的基本特征，是民事关系区别于行政法律关系、刑事法律关系的特有原则。民事活动除法律强制性的规定外，由当事人自愿约定。自愿原则也是发展社会主义市场经济的要求，随着社会主义市场经济的发展，合同自愿原则就越来越显得重要了。

自愿原则是贯彻合同活动的全过程的，包括：第一，订不订立合同自愿，当事人依自己意愿自主决定是否签订合同；第二，与谁订合同自愿，在签订合同时，有权选择对方当事人；第三，合同内容由当事人在不违法的情况下自愿约定；第四，在合同履行过程中，当事人可以协议补充、协议变更有关内容；第五，双方也可以协议解除合同；第六，可以约定违约责任，在发生争议时，当事人可以自愿选择解决争议的方式。总之，只要不违背法律、行政法规强制性的规定，合同当事人有权自愿决定。

当然，自愿也不是绝对的，当事人订立合同、履行合同，应当遵守法律、行政法规，尊重社会公德，不得扰乱社会经济秩序，损害社会公共利益。

（3）公平原则

公平原则要求合同双方当事人之间的权利义务要公平合理，要大体上平衡，强调一方给付与对方给付之间的等值性，合同上的负担和风险的合理分配。具体包括：第一，在订立合同时，要根据公平原则确定双方的权利和义务，不得滥用权利，不得欺诈，不得假借订立合同恶意进行磋商；第二，根据公平原则确定风险的合理分配；第三，根据公平原则确定违约责任。

公平原则作为合同法的基本原则，其意义和作用是：公平原则是社会公德的体现，符合商业道德的要求。将公平原则作为合同当事人的行为准则，可以防止当事人滥用权利，有利于保护当事人的合法权益，维护和平衡当事人之间的利益。

（4）诚实信用原则

诚实信用原则要求当事人在订立、履行合同，以及合同终止后的全过程中，都要诚实，讲信用，相互协作。诚实信用原则具体包括：第一，在订立合同时，不得有欺诈或其他违背诚实信用的行为；第二，在履行合同义务时，当事人应当遵循诚实信用的原则，根据合同的性质、目的和交易习惯履行及时通知、协助、提供必要的条件、防止损失扩大、保密等义务；第三，合同终止后，当事人也应当遵循诚实信用的原则，根据交易习惯履行通知、协助、保密等义务，称为后契约义务。

诚实信用原则作为合同法基本原则的意义和作用，主要有以下几个方面：第一，将诚实信用原则作为指导合同当事人订立合同、履行合同的行为准则，有利于保护合同当事人的合法权益，更好地履行合同义务；第二，合同没有约定或约定不明确而法律又没有规定的，可以根据诚实信用原则进行解释。

（5）遵守法律法规和公序良俗原则

遵守法律，尊重公德，不得扰乱社会经济秩序，损害社会公共利益，是合同法的重要基本原则。合同当事人之间的民事权利义务关系，主要涉及当事人的利益，但同时可能涉及社会公共利益和社会公德，涉及维护公共秩序和良好风俗习惯，因此合同当事人的意思应当在法律允许的范围内，不破坏公序良俗的前提下表示。

此外，遵守法律法规和公序良俗原则与自愿原则并不矛盾。一方面，自愿原则鼓励交易，促进交易的开展，发挥当事人的主动性、积极性和创造性，以活跃市场经济；另一方面，必须遵守法律的原则保证交易在遵守公共秩序和善良风俗的前提下进行，使市场经济有一个健康、正常的道德秩序和法律秩序。因此，遵守法律原则和自愿原则是不矛盾的，自愿以遵守法律、不损害社会公共利益为前提；同时，只有遵守合同法，依法订立合同、履行合同，才能更好地体现和保护当事人在合同活动中的自愿原则。

2.1.4 《合同法》内容简介

1999 年 3 月 15 日，中华人民共和国第九届全国人民代表大会第二次会议审议并通过了《中华人民共和国合同法》，自 1999 年 10 月 1 日起施行。

《合同法》由总则、分则和附则三部分组成。总则包括一般规定、合同的订立、合同的效力、合同的履行、合同的变更和转让、合同的权利义务终止、违约责任、其他规定共八章内容。分则按照合同类别对 15 种合同进行了相应规定。附则主要声明《中华人民共和国经济合同法》《中华人民共和国涉外经济合同法》《中华人民共和国技术合同法》三部法律同时废止。

2.1.5 合同的分类

合同按不同的分类标准可分为不同的种类。以权利和义务关系的类型不同，《合同法》分则部分将合同分为 15 种类型：买卖合同，供用电、水、气、热力合同，赠与合同，借款合同，租赁合同，融资租赁合同，承揽合同，建设工程合同，运输合同，技术合同，保管合同，仓储合同，委托合同，行纪合同，居间合同。

在法学理论中，根据合同的性质、内容、法律特征、依存关系等不同，对合同作出不同的分类。

(1) 主合同与从合同

根据合同间的主从关系，合同分为主合同与从合同。前者指不依赖他合同而独立存在的合同。后者指以他合同的存在为存在前提的合同。

(2) 单务合同与双务合同

根据合同当事人双方权利、义务的分担不同，合同分为双务合同和单务合同。前者指合同当事人双方相互享有权利，相互负有义务的合同。后者指合同一方当事人只享有权利而不负担义务，另一方只负担义务而不享有权利的合同。

(3) 有偿合同与无偿合同

以当事人取得权益是否须付相应代价为标准，合同分为有偿合同与无偿合同。前者指当事人一方享有合同规定的权益，须向双方当事人偿付相应代价的合同。后者指当事人一方享有合同规定的权益，不必向对方当事人偿付相应的对价的合同。

(4) 诺成性合同与实践性合同

根据合同是否可以交付标的物为生效要件，合同分为诺成性合同和实践性合同。前者指当事人意思表示一致即可成立且生效的合同。后者指除当事人意思表示一致外，还需要实际交付标的物才能生效的合同。

(5) 要式合同与非要式合同

根据合同的成立是否需要特定的法律形式，合同分为要式合同和非要式合同（也称"不要式合同"）。前者指须采用特殊法定形式才能成立的合同。后者指法律没有特别规定，当事人也没有特别约定须采用特殊形式的合同。

(6) 束己合同与涉他合同

以订约人是否仅为自己设定权利义务为标准，合同可分为束己合同与涉他合同。束己合同，是指严格遵循合同相对性原则，当事人为自己设定并承受权利义务，第三人不能向合同当事人主张权利，当事人也不得向第三人主张权利的合同。此为合同的常态。涉他合同，是指突破了合同的相对性原则，合同当事人在合同中为第三人设定了权利或约定了义务的合同，包括为第三人利益的合同和由第三人履行的合同。束已合同与涉他合同的区别，是二者的缔约目的和合同的效力范围不同。

（7）有名合同和无名合同

根据法律上有无规定一定的名称，合同可分为有名合同和无名合同。有名合同是指法律上或者经济生活习惯上按其类型已确定了一定名称的合同，又称典型合同。我国合同法中规定的合同和民法学中研究的合同都是有名合同。无名合同是指有名合同以外的、尚未统一确定一定名称的合同。无名合同如经法律确认或在形成统一的交易习惯后，可以转化为有名合同。

2.2 合同的订立

2.2.1 合同的形式

合同形式，是指合同当事人意思表示一致的外在表现形式，是合同内容的载体。根据我国《合同法》第十条规定，当事人订立合同，有书面形式，口头形式和其他形式。书面形式是指合同书、信件和数据电文（包括电报、电传、传真、电子数据交换和电子邮件）等可以有形地表现所载内容的形式。这种形式明确肯定，有据可查，对于防止争议和解决纠纷有积极意义。口头形式是当事人通过面对面的谈话，或者以通信设备如电话交谈等口头语言表达的形式。对于标的数额较小、现款交易并且即时履行的合同通常采用口头形式，如在自由市场买菜、在商店买衣服等。其他形式是指合同当事人未采用书面形式或者口头形式明示确立合同法律关系，而是根据当事人的行为推定合同成立的合同形式，如租赁房屋的合同，在租赁房屋的合同期满后，出租人未提出让承租人退房，承租人也未表示退房而是继续交房租，出租人仍然接受租金。根据双方当事人的行为，我们可以推定租赁合同继续有效。

我国《合同法》在合同形式上的要求是以不要式为原则，这也是《合同法》自愿原则的体现。但是，法律、行政法规规定采用书面形式的，应该采用书面形式。当事人约定采用书面形式的，应当采用书面形式。

2.2.2 合同的内容

合同的内容由当事人约定，这是合同自愿原则的重要体现。《合同法》规定了合同一般应当包括的八个方面的条款，分述如下。

（1）当事人的名称或者姓名和住所

当事人是合同法律关系的主体要素，是每一个合同必须具备的条款。明确当事人的名称或者姓名和住所，对于确立合同法律关系主体、明确权利义务归属和确定诉讼管辖具有重要的意义。自然人的姓名是指经户籍登记管理机关核准登记的正式用名。自然人的住所是指自然人有长期居住的意愿和事实的处所，即经常居住地。法人、其他组织的名称是指经登记主管机关核准登记的名称，如公司的名称以企业营业执照上的名称为准。法人和其他组织的住所是指它们的主要营业地或者主要办事机构所在地。国家对建设工程合同的当事人有一些特殊的要求，如要求施工企业作为承包人时必须具有相应的资质等级。

（2）标的

标的是合同当事人双方权利和义务共同指向的对象。标的是合同成立的必要条件，是一切合同的必备条款。没有标的，合同不能成立，合同关系无法建立，所以签订合同时，标的必须明确、具体，必须符合国家法律和行政法规的规定。标的的表现形式为财、物、行为、智力成果。

（3）数量

数量是衡量合同标的多少的尺度，以数字和计量单位表示。标的的数量是合同双方当事人权利义务的多少，合同是否完全履行的量化尺度，因此数量是合同的重要条款。对于有形财产，数量是对单位个数、体积、面积、长度、容积、重量等的计量；对于无形财产，数量是个数、件数、字数以及使用范围等多种量度方法；对于劳务，数量为劳动量；对于工作成果，数量是工作量及成果数量。一般而言，合同的数量要准确，选择使用共同接受的计量单位、计量方法和计量工具。施工合同中的数量主要体现的是工程量的大小。

（4）质量

质量是标的内在品质和外观形态的综合指标。签订合同时，合同中应当对质量标准尽可能细致、准确和清楚地进行约定，对于技术上较为复杂的和容易引起歧义的词语、标准，应当加以说明和解释。国家有强制性标准规定的，合同约定的质量不得低于该强制性标准。当事人没有约定质量标准，如果有国家标准，则依国家标准执行；如果没有国家标准，则依行业标准执行；如果没有行业标准，则依地方标准执行；如果没有地方标准，则依企业标准执行。当事人可以约定质量检验的方法、质量责任的期限和条件、对质量提出异议的条件与期限等。

（5）价款或者报酬

价款或者报酬，是一方当事人向对方当事人所付代价的货币支付。价款一般指对提供财产的当事人支付的货币，如买卖合同中的货款、租赁合同中的租金、借款合同中借款人向贷款人支付的本金和利息等。报酬一般是指对提供劳务或者工作成果的当事人支付的货币，如运输合同中的运费，保管合同与仓储合同中的保管费以及建设工程合同中的勘察费、设计费和工程款等。如果有政府定价和政府指导价的，要按照规定执行。价格应当在合同中规定清楚或者明确规定计算价款或者报酬的方法。有些合同比较复杂，货款、运费、保险费、保管费、装卸费、报关费以及一切其他可能支出的费用，由谁支付都要规定清楚。价款或者报酬在勘察、设计合同中表现为勘察费、设计费，在监理合同中则体现为监理费，在施工合同中则体现为工程款。

（6）履行期限、地点和方式

履行期限是指合同中规定的当事人履行自己的义务如交付标的物、价款或者报酬，履行劳务、完成工作的时间界限。履行期限直接关系到合同义务完成的时间，涉及当事人的期限利益，也是确定合同是否按时履行或者迟延履行的客观依据。不同的合同，其履行期限的具体含义是不同的。买卖合同中卖方的履行期限是指交货的日期，买方的履行期限是交款日期；运输合同中承运人的履行期限是指从起运到目的地卸载的时间；工程建设合同中承包方的履行期限是从开工到竣工的时间。正因如此，期限条款应当明确、具体，或者明确规定计算期限的方法。

履行地点是指当事人履行合同义务和对方当事人接受履行的地点。不同的合同，履行地点有不同的特点。如买卖合同中，买方提货的，在提货地履行；卖方送货的，在买方收货地履行。在工程建设合同中，在建设项目所在地履行。

履行的方式是指当事人完成合同规定义务的具体方法，包括标的的交付方式和价款或酬金的结算方式。

履行的期限、地点和方式是确定合同当事人是否适当履行合同的依据。

(7) 违约责任

违约责任是指当事人一方或者双方不履行合同或者不适当履行合同，依照法律的规定或者按照当事人的约定应当承担的法律责任。为了保证合同义务严格按照约定履行，为了更加及时地解决合同纠纷，可以在合同中约定违约责任，如约定定金、违约金、赔偿金额以及赔偿金的计算方法等。

(8) 解决争议的方法

解决争议的方法指合同争议的解决途径，对合同条款发生争议时的解释以及法律适用等。解决争议的途径主要有：一是双方通过协商和解，二是由第三人进行调解，三是通过仲裁解决，四是通过诉讼解决。当事人可以约定解决争议的方法，如果合同履行过程中出现争议，即执行合同中关于争议解决途径的条款解决合同争议。

2.2.3 合同订立的程序

当事人订立合同、采用要约、承诺方式。也就是说，合同的成立需要经过要约和承诺两个阶段，这是民法学界的共识，也是国际合同公约和世界各国合同立法的通行做法。一般而言，一方发出要约，另一方作出承诺，合同就成立了。但是，有时合同的订立不一定通过一次要约和承诺就能达成，许多合同是经过了一次又一次的讨价还价、反复协商，也即经过多次要约或新要约以及承诺才得以达成。

(1) 要约的有关法律规定

要约是希望和他人订立合同的意思表示。提出要约的一方为要约人，接受要约的一方为受要约人。按照大陆法系的合同法理论对要约的解释，要约成立的要件有四个：

① 要约是特定合同当事人的意思表示。发出要约的目的在于订立合同，要约人必须使接收要约的相对方能够明白是谁发出了要约以便作出承诺。因此，发出要约的人必须能够确定，必须能够特定化。

② 要约必须向要约人希望与之缔结合同的相对人发出。合同因相对人对于要约的承诺而成立，所以要约不能对希望与其订立合同的相对人以外的第三人发出。

③ 要约必须具有缔约目的并表明经受要约人承诺，要约人即受该意思表示约束。能否构成一个要约要看这种意思表示是否表达了与被要约人订立合同的真实意愿。所谓"表明"并不是要有明确的词语进行说明，而是要约人发出的整个要约的内容表明了希望与对方订立合同的意思。

④ 要约的内容必须具体确定。这要求要约的内容必须是确定的和完整的。所谓确定的是要求必须明确清楚，不能模棱两可、产生歧义。所谓完整的是要求要约的内容必须满足构成一个合同所必备的条件，但并不要求一个要约事无巨细、面面俱到。要约的效力在于，一经被受要约人承诺，合同即可成立。因此，如果一个订约的建议含混不清、内容不具备一个合同的最根本的要素，是不能构成一个要约的。即使受要约人作出承诺，也会因缺乏合同的主要条件而使合同无法成立。

在合同订立过程中，有一个与要约相伴而生的概念即要约邀请。要约邀请是希望他人向自己发出要约的意思表示。要约邀请并不是合同成立过程中的必经过程，它是当事人订立合同的预备行为，在法律上无须承担责任。这种意思表示的内容往往不确定，不含有合同得以成立的主要内容，也不含相对人同意后受其约束的表示。比如价目表的寄送、招标公告、商业广告、招股说明书等，都属于要约邀请。

对于要约和承诺的生效，世界各国有不同的规定，但主要有投邮主义、到达主义和了解主义。对于投邮主义，在现代信息交流方式中可作广义的理解：要约和承诺发出以后，只要要约和承诺已处于要约人和承诺人控制范围之外，要约、承诺即生效。到达主义则要求要约、承诺到达受要约人、要约人时生效。了解主义则不但要求对方收到要约、承诺的意思表示，而且要求真正了解其内容时，该意思表示才生效。目前，世界上大部分国家和《联合国国际货物销售合同公约》都采用了到达主义。

我国《合同法》参照国外很多国家的法律规定和做法，采用"到达主义"，即要约到达受要约人时生效。需要说明的是，要约"到达受要约人时"并不是指一定实际送达到受要约人或者其代理人手中，要约只要送达到受要约人通常的地址、住所或者能够控制的地方（如信箱等）即为送达。"送达到受要约人时"生效，即使在要约送达受要约人之前受要约人已经知道其内容，要约也不生效。我国《合同法》对采用数据电文形式订立合同的要约生效条件作了规定，即收件人指定特定系统接收数据电文的，该数据电文进入该特定系统的时间，视为到达时间；未指定特定系统的，该数据电文进入收件人的任何系统的首次时间，视为到达时间。

要约的失效，也可以称为要约的消灭或者要约的终止，指要约丧失法律效力，要约人与受要约人均不再受其约束。要约人不再承担接受承诺的义务，受要约人亦不再享有通过承诺使合同得以成立的权利。我国《合同法》规定有下列情形之一的，要约失效：

① 拒绝要约的通知到达要约人；

② 要约人依法撤销要约；

③ 承诺期限届满，受要约人未作出承诺；

④ 受要约人对要约的内容作出实质性变更。

要约可以撤回。要约撤回是指在要约发出之后但在发生法律效力以前，要约人欲使该要约不发生法律效力而作出的意思表示。要约人可以撤回要约，撤回要约的通知应当在要约到达受要约人之前或同时到达受要约人。

要约可以撤销。要约撤销是指要约人在要约发生法律效力之后而受要约人承诺之前，欲使该要约失去法律效力的意思表示。撤销要约的通知应当在受要约人发出承诺通知之前到达受要约人。

要约的撤销与要约的撤回的不同之处在于：要约的撤回发生在要约生效之前，而要约的撤销发生在要约生效之后；要约的撤回是使一个未发生法律效力的要约不发生法律效力，要约的撤销是使一个已经发生法律效力的要约失去法律效力；要约撤回的通知只要在要约到达之前或与要约同时到达就发生效力，而要约撤销的通知在受要约人发出承诺通知之前到达受要约人，不一定发生效力。在法律规定的特别情形下，要约是不得撤销的，这些情形包括：

① 要约人确定了承诺期限或者以其他形式明示要约不可撤销；

② 受要约人有理由认为要约是不可撤销的，并已经为履行合同作了准备工作。

（2）承诺的有关法律规定

承诺是受要约人同意要约的意思表示。承诺必须具备以下四个条件：

① 承诺必须由受要约人作出。非受要约人向要约人作出的接受要约的意思表示不是承诺，而是一种新要约或者新要约邀请。

② 承诺只能向要约人作出。承诺是对要约的同意，是受要约人与要约人订立合同，当

然要向要约人作出。

③ 承诺的内容应当与要约的内容一致。这是承诺最核心的要件，承诺必须是对要约完全的、单纯的同意。因为受要约人如果想与要约人签订合同，必须在内容上与要约的内容一致，否则要约人就可能拒绝受要约人而使合同不能成立。受要约人对要约的内容作出实质性变更的，视为新要约。有关合同标的、数量、质量、价款或者报酬、履行期限、履行地点和方式、违约责任和解决争议方法等的变更，是对要约内容的实质性变更。

④ 承诺必须在要约的有效期内作出。如果要约规定了承诺期限，则承诺应在规定的承诺期限内作出，如果要约没有规定承诺期限，则承诺应当在合理的期限内作出。如果承诺期限已过而受要约人还想订立合同，当然也可以发出承诺，但此承诺已不能视为是承诺，只能视为是一项要约。

承诺应当以通知的方式作出，但根据交易习惯或者要约表明可以通过行为作出承诺的除外。承诺方式是指，受要约人将其承诺的意思表示传达给要约人所采用的方式。对一项要约作出承诺即可使合同成立，因此承诺以何种方式作出是很重要的事情。一般来说，法律并不对承诺必须采取的方式作规定，而只是一般规定承诺应当以明示或者默示的方式作出。

承诺应当在要约确定的期限内到达要约人。要约没有确定承诺期限的，承诺应当依照下列规定到达：

① 要约以对话方式作出的，应当即时作出承诺，但当事人另有约定的除外；

② 要约以非对话方式作出的，承诺应当在合理期限内到达。

要约以信件或者电报作出的，承诺期限自信件载明的日期或者电报交发之日开始计算。信件未载明日期的，自投寄该信件的邮戳日期开始计算。要约以电话、传真等快速通信方式作出的，承诺期限自要约到达受要约人时开始计算。

承诺可以撤回，承诺的撤回是指受要约人阻止承诺发生法律效力的意思表示。由于承诺一经送达要约人即发生法律效力，合同即刻成立，所以撤回承诺的通知应当在承诺通知到达之前或者与承诺通知同时到达要约人。如果撤回承诺的通知晚于承诺的通知到达要约人，则承诺已经生效，合同已经成立，受要约人便不能撤回承诺。

受要约人超过承诺期限发出承诺的，除要约人及时通知受要约人该承诺有效的以外，为新要约。

受要约人在承诺期限内发出承诺，按照通常情形能够及时到达要约人，但因其他原因承诺到达要约人时超过承诺期限的，除要约人及时通知受要约人因承诺超过期限不接受该承诺的以外，该承诺有效。

(3) 合同的成立

当事人对合同的形式、程序没有特殊的要求，承诺生效时合同成立。承诺通知到达要约人时生效。承诺不需要通知的，根据交易习惯或者要约的要求作出承诺的行为时生效。采用数据电文形式订立合同的，承诺生效的认定见前述关于要约和承诺生效的有关内容。

当事人采用合同书形式订立合同的，自双方当事人签字或者盖章时合同成立。当事人采用信件、数据电文等形式订立合同的，可以在合同成立之前要求签订确认书。签订确认书时合同成立。

法律、行政法规规定或者当事人约定采用书面形式订立合同，当事人未采用书面形式但一方已经履行主要义务，对方接受的，该合同成立。

采用合同书形式订立合同，在签字或者盖章之前，当事人一方已经履行主要义务，对方接受的，该合同成立。

承诺生效的地点为合同成立的地点。当事人采用合同书形式订立合同的，双方当事人签字或者盖章的地点为合同成立的地点。采用数据电文形式订立合同的，收件人的主营业地为合同成立的地点；没有主营业地的，其经常居住地为合同成立的地点。当事人另有约定的，按照其约定。

2.2.4　格式条款

格式条款，又称为标准条款、标准合同、格式合同等，是当事人为了重复使用而预先拟定，并在订立合同时未与对方协商的条款。

采用格式条款订立合同的，提供格式条款的一方应当遵循公平原则确定当事人之间的权利和义务，并采取合理的方式提请对方注意免除或者限制其责任的条款，按照对方的要求，对该条款予以说明。

如果格式条款符合无效合同的情形，或者格式条款中有免除"造成对方人身伤害的"或者"因故意或者重大过失造成对方财产损失的"责任的条款，或者提供格式条款一方免除其责任、加重对方责任、排除对方主要权利的，该条款无效。

对格式条款的理解发生争议的，应当按照通常理解予以解释。对格式条款有两种以上解释的，应当作出不利于提供格式条款一方的解释。格式条款和非格式条款不一致的，应当采用非格式条款。

2.2.5　缔约过失责任

缔约过失责任指因当事人在订立合同过程中，因违背诚实信用原则而给对方造成损失的赔偿责任。现实生活中确实存在由于过失给当事人造成损失、但合同尚未成立的情况。缔约过失责任的规定能够解决这种情况的责任承担问题。缔约过失责任成立的要件包括以下内容。

（1）缔约一方受到损失

损害事实是构成民事赔偿责任的首要条件，如果没有损害事实的存在，也就不存在损害赔偿责任。缔约过失责任的损失是一种信赖利益的损失，即缔约人信赖合同有效成立，但因法定事由发生，致使合同不成立、无效或被撤销等而造成的损失。

（2）缔约当事人有过错

承担缔约过失责任一方应当有过错，包括故意行为和过失行为导致的后果责任。这种过错主要表现为违反先合同义务。所谓"先合同义务"，是指自缔约人双方为签订合同而互相接触磋商开始但合同尚未成立，逐渐产生的注意义务（或称附随义务），包括协助、通知、照顾、保护、保密等义务，它自要约生效开始产生。

（3）合同尚未成立

这是缔约过失责任有别于违约责任的最重要原因。合同一旦成立，当事人应当承担的是违约责任或者合同无效的法律责任。

（4）缔约当事人的过错行为与该损失之间有因果关系

缔约当事人的过错行为与该损失之间有因果关系，即该损失是由违反先合同义务引起的。

根据《合同法》的自愿原则，当事人可以自由决定是否订合同，与谁订合同，订什么样的合同。为订立合同与他人进行协商，协商不成的，一般不承担责任。但是，当事人进行合同的谈判，应当遵循诚实信用原则。如果一方当事人有下列情况之一，给无过错的另一方当事人造成损失的，应当承担缔约过失责任。

① 假借订立合同，恶意进行磋商。所谓"假借"就是根本没有与对方订立合同的目的，与对方进行谈判只是个借口，目的是损害对方或者第三人的利益，恶意地与对方进行合同谈判。比如甲施工企业知悉自己的竞争对手在与钢材供应商乙磋商采购钢材事宜，出于竞争目的，也与钢材供应商乙谈判采购钢材事宜，并在谈判中故意拖延时间或者开出更诱人的交易条件，使竞争对手失去或者放弃与钢材供应商乙的交易机会，之后再与乙终止谈判，致使乙企业遭受重大损失。

② 在订立合同中隐瞒重要事实或者提供虚假情况。故意隐瞒重要事实或者提供虚假情况，是指对涉及合同成立与否的事实予以隐瞒或者提供与事实不符的情况而引诱对方订立合同的行为。如建筑业从业企业隐瞒企业资质、财务状况、商业信誉等方面的真实信息，或者提供虚假信息。

③ 其他违背诚实信用原则的行为。当事人按照诚实信用的原则进行谈判，有谈成的，有谈不成的，都不足为奇，中途停止谈判也是正常的。但是，如果当事人违背诚实信用的原则终止谈判，就是不正常的，如果损害对方当事人的利益则要承担缔约过失的责任，赔偿损失。

④ 当事人在订立合同过程中知悉对方商业秘密，泄露或者不正当地使用该商业秘密给对方造成损失。商业秘密是指，不为公众所知悉、能为权利人带来经济利益、具有实用性并经权利人采取保密措施的技术信息和经营信息。在订立合同的过程中，为达成协议，有时告诉对方当事人商业秘密是必需的，但是商业秘密受法律保护，任何人不得采用非法手段获取、泄露、使用他人的商业秘密，否则要承担法律责任。因此，对方当事人有义务不予泄露，也不能使用。如果违反规定，则应当承担由此给对方造成损害的赔偿责任。

2.3 合同的效力

2.3.1 合同生效的条件和时间

合同的效力，是指已经成立的合同在当事人之间产生的一定的法律约束力，也就是通常所说的合同的法律效力。合同生效是指合同对双方当事人的法律约束力的开始。合同成立后，必须具备相应的法律条件才能生效，否则合同是无效的。

合同生效应当具备下列条件。

（1）当事人具有相应的民事权利能力和民事行为能力

订立合同的人必须具备一定的独立表达自己的意思和理解自己的行为的性质和后果的能力，即合同当事人应当具有相应的民事权利能力和民事行为能力。对于自然人而言，民事权利能力始于出生，完全民事行为能力人可以订立一切法律允许自然人作为合同主体的合同。法人和其他组织的权利能力就是它们的经营、活动范围，民事行为能力则与它们的权利能力相一致。

（2）意思表示真实

合同本质上是一种合意，是当事人意思表示一致的结果，因此，当事人的意思表示必须真实。但是，意思表示真实是合同的生效条件而非合同的成立条件。意思表示不真实包括意思与表示不一致、不自由的意思表示两种。含有意思表示不真实的合同是不能取得法律效力的。如建设工程合同的订立，一方采用欺诈、胁迫的手段订立的合同，就是意思表示不真实的合同，这样的合同就欠缺生效的条件。

（3）不违反法律或者社会公共利益

不违反法律或者社会公共利益，是合同有效的重要条件。所谓不违反法律或者社会公共利益，是就合同的目的和内容而言的。合同的内容，是指合同中双方当事人的权利和义务，合同的目的，是指合同双方通过合同的订立和履行最终所期望得到的结果或者达到的状态。不违反法律或者社会公共利益，实际是对合同自由的限制和对合同自由边界的明确。

关于合同的生效时间，主要的法律规定如下：

① 依法成立的合同，自成立时生效。也就是说，合同的生效，原则上是与合同的成立一致的，合同成立就产生效力。根据《合同法》第二十五条的规定，承诺生效时合同成立。

② 法律、行政法规规定应当办理批准、登记等手续生效的，自批准、登记时生效。也就是说，某些法律、行政法规规定合同的生效要经过特别程序后才产生法律效力，这是合同生效的特别要件。例如，涉及产权交易或者抵押的合同，办理相应产权登记手续后合同才生效。

③ 当事人对合同的效力可以约定附条件。附生效条件的合同，自条件成就时生效。附解除条件的合同，自条件成就时失效。

④ 当事人对合同的效力可以约定附期限。附生效期限的合同，自期限届至时生效。附终止期限的合同，自期限届满时失效。

2.3.2 效力待定合同

效力待定合同，是指合同虽然已经成立，但因其不完全符合生效要件的规定，其效力能否发生尚未确定，一般须经有权人表示承认才能生效的合同。效力待定的合同主要有以下几种类型。

（1）限制民事行为能力人订立的合同

限制民事行为能力人的监护人是其法定代理人，限制民事行为能力人订立的合同，经法定代理人追认后，该合同有效，但纯获利益的合同或者与其年龄、智力、精神健康状况相适应而订立的合同，不必经法定代理人追认。所谓"纯获利益"在我国一般是指限制民事行为能力人在某合同中只享有权利或者利益，不承担任何义务，如限制民事行为能力人接受奖励、赠与、报酬等，对于这些纯获利益的合同，他人不得以行为人的限制民事行为能力为由，主张该合同不具有效力。

相对人可以催告法定代理人在一个月内予以追认。法定代理人未作表示的，视为拒绝追认。合同被追认之前，善意相对人有撤销的权利。撤销应当以通知的方式作出。

（2）无代理权人订立的合同

行为人没有代理权、超越代理权或者代理权终止后以被代理人的名义订立的合同，未经被代理人追认，对被代理人不发生效力，由行为人承担责任。相对人可以催告被代理人在1个月内予以追认。被代理人未作表示的，视为拒绝追认。合同被追认之前，善意相对人有撤销的权利。撤销应当以通知的方式作出。

（3）表见代理人订立的合同

表见代理是善意相对人通过被代理人的行为足以相信无权代理人具有代理权的代理。行为人没有代理权、超越代理权或者代理权终止后以被代理人名义订立合同，相对人有理由相信行为人有代理权的，该代理行为有效。《合同法》设立表见代理制度是为保护合同相对人的利益，并维护交易的安全，依诚实信用原则使怠于履行其注意义务的本人直接承受行为人没有代理权、超越代理权或者代理权终止后仍为代理行为而签订的合同的责任。

表见代理一般应当具备以下条件：①表见代理人并未获得被代理人的书面明确授权，是无权代理；②客观上存在让相对人相信行为人具备代理权的理由；③相对人善意且无过失。

（4）法人或其他组织负责人越权订立的合同

法人或者其他组织的法定代表人、负责人超越权限订立的合同，除相对人知道或者应当知道其超越权限的以外，该代表行为有效。在订立合同的过程中，合同的相对人知道或者应当知道法定代理人或者其他组织的行为超越了权限，而仍与之订立合同，则具有恶意，那么此时合同就不具有法律效力。

（5）无处分权的人处分他人财产订立的合同

无处分权的人，是对归属于他人的财产没有处置的权利或者虽对财产拥有所有权，但由于在该财产上负有义务而对此不能进行自由处分的人。无处分权的人处分他人财产订立的合同一般情况下是无效的，但是经权利人追认或者无处分权的人订立合同后取得处分权的，该合同有效。

2.3.3 无效合同

2.3.3.1 无效合同的概念和特征

无效合同就是不具有法律约束力和不发生履行效力的合同。一般合同一旦依法成立，就具有法律约束力，但是无效合同却由于违反法律、行政法规的强制性规定或者损害国家、社会公共利益，因此，即使其成立，也不具有法律约束力。无效合同一般具有以下特征。

① 无效合同具有违法性。一般来说无效合同违反了法律和行政法规的强制性规定和损害了国家利益、社会公共利益。例如，合同当事人非法买卖毒品、枪支等。无效合同的违法性表明此类合同不符合国家的意志和立法的目的，所以，对此类合同国家就应当实行干预，使其不发生效力，而不管当事人是否主张合同的效力。

② 无效合同是自始无效的。所谓自始无效，就是合同从订立时起，就没有法律约束力，以后也不会转化为有效合同。由于无效合同从本质上违反了法律规定，因此，国家不承认此类合同的效力。对于已经履行的，应当通过返还财产、赔偿损失等方式使当事人的财产恢复到合同订立前的状态。

2.3.3.2 无效合同的情形

无效合同的常见情形包括以下几种。

（1）一方以欺诈、胁迫的手段订立，损害国家利益的合同

欺诈，就是故意隐瞒真实情况或者故意告知对方虚假的情况，欺骗对方，诱使对方作出错误的意思表示而与之订立合同。胁迫，是指行为人以将要发生的损害或者以直接实施损害相威胁，使对方当事人产生恐惧而与之订立合同。以欺诈、胁迫的手段订立合同，如果损害国家利益，则合同无效。

（2）恶意串通，损害国家、集体或第三人利益的合同

恶意串通的合同，就是合同的双方当事人非法勾结，为牟取私利，而共同订立的损害国家、集体或者第三人利益的合同。在实践中比较常见的还有代理人与第三人勾结，订立合同，损害被代理人利益的行为。这种情况在建设工程领域中较为常见的是投标人串通投标或者招标人与投标人串通，损害国家、集体或第三人利益。由于这种合同具有极大的破坏性，为了维护国家、集体或者第三人的利益，维护正常的合同交易，《合同法》将此类合同纳入了无效合同之中。

（3）以合法形式掩盖非法目的的合同

此类合同中，行为人为达到非法目的以迂回的方法避开了法律或者行政法规的强制性规定，所以又称为伪装合同。由于这种合同被掩盖的目的违反法律、行政法规的强制性规定，并且会造成国家、集体或者第三人利益的损害，所以《合同法》把此类合同也纳入了无效合同中。

（4）损害社会公共利益的合同

损害社会公共利益的合同实质上是违反了社会的公共道德，破坏了社会经济秩序和生活秩序，这样的合同也是无效的。

（5）违反法律、行政法规的强制性规定的合同

当事人在合同中不得合意排除法律、行政法规强制性规定的适用，如果当事人约定排除了强制性规定，则构成本项规定的情形。违反法律、行政法规的强制性规定的合同也是无效的。

2.3.3.3　无效的免责条款

《合同法》中对无效的免责条款也作了相应规定。合同中的免责条款是指合同中的双方当事人在合同中约定的，为免除或者限制一方或者双方当事人未来责任的条款。一般来说，当事人经过充分协商确定的免责条款，只要是完全建立在当事人自愿的基础上，免责条款又不违反社会公共利益，法律是承认免责条款的效力的。但是对于严重违反诚实信用原则和社会公共利益的免责条款，法律是禁止的。以下两种免责条款无效：

① 造成对方人身伤害的条款无效。对于人身的健康和生命安全，法律是给予特殊保护的，并且从整体社会利益的角度来考虑，如果允许免除一方当事人对另一方当事人人身伤害的责任，那么就无异于纵容当事人利用合同形式对另一方当事人的生命进行摧残，这与保护公民的人身权利的宪法原则是相违背的。在实践当中，这种免责条款一般都是与另一方当事人的真实意思相违背的。

② 因故意或者重大过失给对方造成财产损失的免责条款。我国《合同法》规定此类免责条款无效，因为这种条款严重违反了诚实信用原则，如果允许这类条款的存在，就意味着允许一方当事人可能利用这种条款欺骗对方当事人，损害对方当事人的合同权益，这是与合同法的立法目的完全相违背的。

2.3.4　可变更或可撤销合同

可变更或可撤销合同，是指合同成立但欠缺生效条件，一方当事人可依照自己的意思使合同的内容变更或者使合同的效力归于消灭的合同。如果合同当事人对合同的可变更或可撤销发生争议，只有人民法院或者仲裁机构有权变更或者撤销合同。

可撤销合同与无效合同有相同之处，如合同都会因被确认无效或者被撤销后而使合同自

始不具有效力，但是二者是两个不同的概念。可撤销合同主要是涉及意思不真实的合同，而无效合同主要是违反法律的强制性规定和社会公共利益的合同；可撤销合同在没有被撤销之前仍然是有效的，而无效合同是自始都不具有效力；可撤销合同中的撤销权是有时间限制的，《合同法》第五十五条第一款规定，具有撤销权的当事人自合同成立时起一年内具有撤销权；可撤销合同中的撤销权人有选择的权利，他可以申请变更或撤销合同，也可以让合同继续有效，而无效合同是当然无效，当事人无权进行选择。

有下列情形之一的，当事人一方有权请求人民法院或者仲裁机构变更或者撤销其合同。

（1）因重大误解而订立的合同

重大误解，是指合同一方当事人作出意思表示时，对合同的主要内容或者约定的重要事项存在着认识上的显著缺陷，直接影响到产生误解的一方当事人所应享有的权利和承担的义务，合同一旦履行就会使误解方的利益受到损害。

根据我国已有的司法实践，重大误解一般包括以下几种情况：①对合同的性质发生误解。在此种情况下，当事人的权利义务将发生重大变化。如当事人误以为出租为出卖，这与当事人在订约时所追求的目的完全相反。②对对方当事人发生的误解。如把甲当事人误以为乙当事人与之签订合同。特别是在信托、委托等以信用为基础的合同中对对方当事人的误解就完全属于重大误解的合同。③对标的物种类的误解。如把大豆误以为黄豆加以购买，这实际上是对当事人权利义务的指向对象即标的本身发生了误解。④对标的物的质量的误解，直接涉及当事人订约的目的或者重大利益的。如误将仿冒品当成真品。除此之外，对标的物的数量、履行地点或者履行期限、履行方式发生误解，足以对当事人的利益造成重大损害的，也可认定为重大误解的合同。

（2）在订立合同时显失公平的合同

一方当事人利用优势或者利用对方没有经验，致使双方的权利与义务明显违反公平原则的，可以认定为显失公平。最高人民法院的司法解释认为，民间借贷（包括公民与企业之间的借贷）约定的利息高于银行同期同种贷款利率的 4 倍，为显失公平。但在其他方面，显失公平尚无定量的规定。

（3）在违背真实意思的情况下订立的合同（以欺诈、胁迫等手段或者乘人之危）

一方以欺诈、胁迫等手段或者乘人之危，使对方在违背真实意思的情况下订立的合同，受损害方有权请求人民法院或者仲裁机构变更或者撤销。

由于可撤销的合同只是涉及当事人意思表示不真实的问题，因此法律对撤销权的行使有一定的限制。有下列情形之一的，撤销权消灭：

① 具有撤销权的当事人自知道或者应当知道撤销事由之日起 1 年内没有行使撤销权；

② 具有撤销权的当事人知道撤销事由后明确表示或者以自己的行为放弃撤销权。

2.3.5　合同无效或撤销后的法律后果

无效合同的确认或者可撤销合同的撤销可由人民法院或者仲裁机构作出，合同当事人或其他任何机构均无权认定合同无效或者行使撤销权。

合同无效和合同被撤销后的法律后果相同，具体来说有过错一方当事人承担如下法律责任。

（1）返还财产

返还财产是指合同当事人在合同被确认无效或者被撤销以后，对已交付给对方的财产享有返还请求权，而已接受该财产的当事人则有返还财产的义务。由于无效合同自始没有法律约束力，因此，返回财产是处理无效合同的主要方式。

（2）折价补偿

在有的情况下，财产是不能返还或者没有必要返还的，为了达到恢复原状的目的，就应当折价补偿对方当事人。

（3）赔偿损失

合同被确认无效后，有过错的一方应赔偿对方因此而受到的损失。如果双方都有过错，应当根据过错的大小各自承担相应的责任。

（4）追缴财产，收归国有

双方恶意串通，损害国家或者第三人利益的，国家采取强制性措施将双方取得的财产收归国库或者返还第三人。

2.4 合同的履行

2.4.1 合同履行的概念

合同履行是指合同双方当事人按照合同约定的标的、数量、质量、价款、履行地点、履行方式、履行期限等，全面履行各自义务，实现各自权利，达成各自目的的行为。合同履行是合同法律制定的核心，是合同签订的目的，是合同当事人各自权利得以实现的前提和保证。

应当注意的是，合同的履行以有效的合同为前提和依据，无效合同从订立之时起就没有法律效力，不存在合同履行的问题。

2.4.2 合同履行的基本原则

（1）全面履行原则

全面履行原则要求合同当事人应当按照约定全面履行自己的义务。合同生效后，当事人应该按照合同约定的标的、数量、质量、价款、履行地点、履行期限、履行方式等全面履行各自的义务。合同生效后，当事人就质量、价款或者报酬、履行地点等内容没有约定或者约定不明确的，可以协议补充；不能达成补充协议的，按照合同有关条款或者交易习惯确定。

当事人就有关合同内容约定不明确，依照上述办法仍不能确定如何履行合同的，适用下列规定：

① 质量要求不明确的，按照国家标准、行业标准履行；没有国家标准、行业标准的，按照通常标准或者符合合同目的特定标准履行。

② 价款或者报酬不明确的，按照订立合同时履行地的市场价格履行；依法应当执行政府定价或者政府指导价的，按照规定履行。

③ 履行地点不明确，给付货币的，在接受货币一方所在地履行；交付不动产的，在不动产所在地履行；其他标的，在履行义务一方所在地履行。

④ 履行期限不明确的，债务人可以随时履行，债权人也可以随时要求履行，但应当给对方必要的准备时间。

⑤ 履行方式不明确的，按照有利于实现合同目的的方式履行。

⑥ 履行费用的负担不明确的，由履行义务一方负担。

合同执行政府定价、政府指导价的，如果合同约定的履行期间政府定价、政府指导价调整，则按标的物交付时的价格计价。出卖人逾期交付的，遇价格上涨时，按原价格执行；价格下降时，按新价格执行。买受人逾期受领或者逾期付款的，遇价格上涨时，按新价格执行；价格下降时，按原价格执行。

（2）诚实信用原则

诚实信用原则在合同法中居特殊地位，在合同履行中，诚信履行亦构成合同履行的基本原则。合同的当事人应当依照诚信原则行使债权，履行债务。合同的约定符合诚信原则的，当事人应当严格履行合同，不得擅自变更或者解除。

诚信履行原则也包括合同履行中的附随义务，即当事人除应当按照合同约定履行自己的义务外，也要履行合同未作约定但依照诚信原则也应当履行的协助、告知、保密、防止损失扩大等义务。

2.4.3 合同履行中的抗辩权

抗辩权是指在双务合同的履行中，一方当事人不履行或者不适当履行自己义务时，另一方当事人可以据此拒绝对方当事人的履约要求。合同履行中的抗辩权可分为同时履行抗辩权、后履行抗辩权和先履行抗辩权（不安抗辩权）。

（1）同时履行抗辩权

同时履行抗辩权，是指在双务合同中应当同时履行的一方当事人有证据证明另一方当事人在同时履行的时间不能履行或者不能适当履行，到履行期时其享有不履行或者部分履行的权利。具体而言，同时履行抗辩权分两种情况，当事人互负债务，没有先后履行顺序的，应当同时履行，一方在对方履行之前有权拒绝其履行要求；一方在对方履行债务不符合约定时，有权拒绝其相应的履行要求。

同时履行抗辩权的发生需具备以下条件：

① 需基于同一双务合同；

② 合同需由双方当事人同时履行；

③ 一方当事人有证据证明同时履行的对方当事人不能履行合同或者不能适当履行合同。

具备上述条件，发生同时履行抗辩权，即已到履行期的一方当事人享有不履行或者部分履行的权利。

（2）后履行抗辩权

后履行抗辩权，是指在双务合同中应当先履行的一方当事人未履行或者不适当履行，到履行期限的对方当事人享有不履行、部分履行的权利。具体而言，后履行抗辩权分两种情况，即合同当事人互负债务，有先后履行顺序，先履行一方未履行的，后履行一方有权拒绝其履行要求；先履行一方履行债务不符合约定的，后履行一方有权拒绝其相应的履行要求。

后履行抗辩权的发生需具备以下条件：

① 需基于同一双务合同；

② 该合同需由一方当事人先为履行；

③ 应当先履行的当事人不履行合同或者不适当履行合同。

（3）先履行抗辩权

先履行抗辩权，又称不安抗辩权，指双务合同成立后，应当先履行的当事人有证据证明对方不能履行义务，或者有不能履行合同义务的可能时，在对方没有履行或者提供担保之前，有权中止履行合同义务。在双务合同中，应当先履行的当事人没有后履行抗辩权，故法律设立不安抗辩权，使其在对方无力履行的情况下享有拒绝履行合同义务的权利。

应当先履行合同的一方有确切证据证明对方有下列情形之一的，可以中止履行：

① 经营状况严重恶化；

② 转移财产、抽逃资金，以逃避债务的；

③ 丧失商业信誉；

④ 有丧失或者可能丧失履行债务能力的其他情形。

当事人中止履行合同的，应当及时通知对方。对方提供适当的担保时应当恢复履行。中止履行后，对方在合理的期限内未恢复履行能力并且未提供适当的担保，中止履行一方可以解除合同。当事人没有确切证据就中止履行合同的应承担违约责任。

2.4.4　合同保全

保全，又称责任财产的保全，指债权人行使代位权和撤销权，防止债务人的责任财产不当减少，以确保无特别担保的一般债权得以清偿。从保全责任财产的角度，保全属于一般担保的手段。保全责任财产，最终使债权得以保障，从这个意义上来说，保全又为债权的保全。

（1）代位权

代位权，是指因债务人怠于行使其到期债权，对债权人造成损害的，债权人可以向人民法院请求以自己的名义代位行使债务人的债权的权利，但该债权专属于债务人自身的除外。代位权的行使范围以债权人的债权为限。债权人行使代位权的必要费用，由债务人负担。

代位权发生的条件有以下几个：

① 债务人对第三人享有债权，倘若债务人没有对外的债权，就无所谓代位权；

② 债务人怠于行使其债权，债务人应当收取债务，且能够收取，而不收取；

③ 债务人怠于行使自己的债权，已害及债权人的债权。

具备上述条件，债权人即可行使债务人的权利，以自己的名义请求第三人向债务人清偿债务。

（2）撤销权

撤销权是指因债务人放弃其到期债权或者无偿转让财产，对债权人造成损害的，债权人可以请求人民法院撤销债务人行为的权利。债务人以明显不合理的低价转让财产，对债权人造成损害，并且受让人知道该情形的，债权人也可以请求人民法院撤销债务人的行为。

撤销权的行使范围以债权人的债权为限。债权人行使撤销权的必要费用，由债务人负担。撤销权自债权人知道或者应当知道撤销事由之日起一年内行使。自债务人的行为发生之日起五年内没有行使撤销权的，该撤销权消灭。

2.5　合同变更和转让

2.5.1　合同变更

合同的变更是指合同成立后，当事人在原合同的基础上对合同的内容进行修改或者补充。如果双方当事人就变更事项达成了一致意见，变更后的内容就取代了原合同的内容，当事人就应当按照变更后的内容履行合同。一方当事人未经对方当事人同意任意改变合同的内容，变更后的内容不仅对另一方没有约束力，而且这种擅自改变合同的做法也是一种违约行为，当事人应当承担违约责任。

法律、行政法规规定变更合同应当办理批准、登记等手续的，依照其规定。当事人对合同变更的内容约定不明确的，推定为未变更。

应当指出的是，此处所指合同变更的概念，不包括合同当事人的改变。虽然从广义上讲，合同主体的改变也是合同变更的一种原因，但是《合同法》对合同主体的变化，即债权人和债务人的改变，是通过债权转让和债务转让的制度调整的。所以，合同变更仅指合同中权利和义务关系的变更，不包括合同主体的变更。

2.5.2 合同权利和义务转让

2.5.2.1 合同权利转让

合同权利的转让是指不改变合同权利的内容，由债权人将权利转让给第三人。债权人既可以将合同权利全部转让，也可以将合同权利部分转让。合同权利全部转让的，原合同关系消灭，产生一个新的合同关系，受让人取代原债权人的地位，成为新的债权人。合同权利部分转让的，受让人作为第三人加入到原合同关系中，与原债权人共同享有债权。债权人转让权利，法律、行政法规规定应当办理批准、登记等手续的，依照其规定。

但有下列情形之一的，债权人不得转让其权利。

（1）根据合同性质不得转让

根据合同性质不得转让的权利，主要是指合同是基于特定当事人的身份关系订立的，合同权利转让给第三人，会使合同的内容发生变化，动摇合同订立的基础，违反了当事人订立合同的目的，使当事人的合法利益得不到应有的保护。

（2）按照当事人约定不得转让

当事人在订立合同时可以对权利的转让作出特别的约定，禁止债权人将权利转让给第三人。这种约定只要是当事人真实意思的表示，同时不违反法律禁止性规定，那么对当事人就有法律的效力。债权人应当遵守该约定不得再将权利转让给他人，否则其行为构成违约。

（3）依照法律规定不得转让

我国一些法律中对某些权利的转让作出了禁止性规定。对于这些规定，当事人应当严格遵守，不得违反法律的规定，擅自转让法律禁止转让的权利。

债权人转让权利的，应当通知债务人。未经通知，该转让对债务人不发生效力。受让人取得债权人权利的同时，也取得与债权有关的从权利，但该从权利专属于债权人自身的除外。债务人接到债权转让通知后，债务人对让与人的抗辩，可以向受让人主张。

债务人接到债权转让通知时，债务人对让与人享有债权，并且债务人的债权先于转让的债权到期或者同时到期的，债务人可以向受让人主张抵销。

2.5.2.2 合同义务转移

合同义务转移是指债务人经债权人同意，将合同的义务全部或者部分地转让给第三人。债务人将合同的义务全部或者部分转移给第三人的，应当经债权人同意。

合同义务转移分为两种情况：一是合同义务的全部转移，在这种情况下，新的债务人完全取代了旧的债务人，新的债务人负责全面的履行合同义务；另一种情况是合同义务的部分转移，即新的债务人加入到原债务中，和原债务人一起向债权人履行义务。债务人不论转移的是全部义务还是部分义务，都需要征得债权人同意。未经债权人同意，债务人转移合同义务的行为对债权人不发生效力。债权人有权拒绝第三人向其履行，同时有权要求债务人履行义务并承担不履行或者迟延履行合同的法律责任。转移义务要经过债权人的同意，这也是合同义务转移制度与合同权利转让制度最主要的区别。法律、行政法规规定转移义务应当办理批准、登记等手续的，依照其规定。

债务人转移义务的，新债务人可以主张原债务人对债权人的抗辩。债务人转移义务的，新债务人应当承担与主债务有关的从债务，但该从债务专属于原债务人自身的除外。

2.5.2.3 权利和义务同时转让

权利和义务一并转让又称为概括转让，是指合同一方当事人将其权利和义务一并转移给第三人，由第三人全部地承受这些权利和义务。权利和义务一并转让不同于权利转让和义务转让的是，它是合同一方当事人对合同权利和义务的全面处分，其转让的内容实际上包括权利的转让和义务的转移两部分内容。权利义务一并转让的后果，导致原合同关系的消灭，第三人取代了转让方的地位，产生出一种新的合同关系。

当事人一方经对方同意，可以将自己在合同中的权利和义务一并转让给第三人。合同关系的一方当事人将权利和义务一并转让时，除了应当征得另一方当事人的同意外，还应当遵守有关权利转让和义务转移的其他法律规定：

① 不得转让法律禁止转让的权利；

② 转让合同权利和义务时，从权利和从债务一并转让，受让人取得与债权有关的从权利和从债务，但该从权利和从债务专属于让与人自身的除外；

③ 转让合同权利和义务不影响债务人抗辩权的行使；

④ 债务人对让与人享有债权的，可以依照有关规定向受让人主张抵销；

⑤ 法律、行政法规规定应当办理批准、登记手续的，应当依照其规定办理。

当事人订立合同后合并的，由合并后的法人或者其他组织行使合同权利，履行合同义务。当事人订立合同后分立的，除债权人和债务人另有约定的以外，由分立的法人或者其他组织对合同的权利和义务享有连带债权，承担连带债务。

2.6 合同的权利义务终止

2.6.1 合同权利义务终止的概念和常见情形

合同的权利义务终止，指依法生效的合同，因具备法定情形和当事人约定的情形，合同债权、债务归于消灭，债权人不再享有合同权利，债务人也不必再履行合同义务，合同对双方当事人不再有法律约束力。按照《合同法》的规定，合同权利义务终止的情形分述如下。

2.6.1.1 债务已经按照约定履行

债务已经按照约定履行，指债务人按照约定的标的、质量、数量、价款或者报酬、履行期限、履行地点和方式全面履行。

合同是当事人为达到其利益要求而达成的合意，合同目的的实现，有赖于债务的履行。

债务按照合同约定得到履行,一方面可使合同债权得到满足,另一方面也使得合同债务归于消灭,产生合同的权利义务终止的后果。

2.6.1.2 合同解除

合同解除,指合同有效成立后,当具备法律规定的合同解除条件时,因当事人一方或双方的意思表示而使合同关系归于消灭的行为。合同解除具有以下特征:

① 合同的解除适用于合法有效的合同。合同只有在生效以后,才存在解除,无效合同、可撤销合同不发生合同解除。

② 合同解除必须具备法律规定的条件。合同一旦生效,即具有法律约束力,非依法律规定,当事人不得随意解除合同。

③ 合同的解除必须有解除的行为。即符合法律规定的解除条件,合同还不能自动解除,不论哪方当事人享有解除合同的权利,主张解除合同的一方,必须向对方提出解除合同的意思表示,才能达到合同解除的法律后果。

④ 合同解除使合同关系自始消灭或者向将来消灭。即合同的解除,要么视为当事人之间未发生合同关系,要么合同尚存的权利义务不再履行。

我国法律规定的合同解除条件主要有约定解除和法定解除,分述如下。

(1) 约定解除

约定解除是当事人通过行使约定的解除权或者双方协商决定而进行的合同解除。当事人约定解除合同包括两种情况:

① 协商解除。协商解除,指合同生效后,未履行或未完全履行之前,当事人以解除合同为目的,经协商一致,订立一个解除原来合同的协议。

协商解除是双方的法律行为,应当遵循合同订立的程序,即双方当事人应当对解除合同意思表示一致,协议未达成之前,原合同仍然有效。如果协商解除违反了法律规定的合同有效成立的条件,比如,损害了国家利益和社会公共利益,解除合同的协议不能发生法律效力,原有的合同仍要履行。

② 约定解除权。约定解除权,指当事人在合同中约定,合同履行过程中出现某种情况,当事人一方或者双方有解除合同的权利。

(2) 法定解除

法定解除,指合同生效后,没有履行或者未履行完毕前,当事人在法律规定的解除条件出现时,行使解除权而使合同关系消灭。根据《合同法》规定,有下列情形之一的,当事人可以解除合同:①因不可抗力致使不能实现合同目的;②在履行期限届满之前,当事人一方明确表示或者以自己的行为表明不履行主要债务;③当事人一方迟延履行主要债务,经催告后在合理期限内仍未履行;④当事人一方迟延履行债务或者有其他违约行为致使不能实现合同目的;⑤法律规定的其他情形。

行使解除权应当通知对方当事人,法律、行政法规规定解除合同应当办理批准、登记手续的,依照其规定,未办理有关手续,合同不能终止。

法律规定或者当事人约定解除权行使期限,期限届满当事人不行使的,该权利消灭。法律没有规定或者当事人没有约定解除权行使期限,经对方催告后在合理期限内不行使的,该权利消灭。

合同解除后,尚未履行的,终止履行;已经履行的,根据履行情况和合同性质,当事人可以要求恢复原状、采取其他补救措施,并有权要求赔偿损失。

2.6.1.3 债务相互抵销

债务抵销，指当事人双方互负债务，各以其债权充抵债务的履行。抵销因其产生的根据不同，可分为法定抵销和协议抵销。

法定抵销，指法律规定抵销的条件，具备条件时依当事人一方的意思表示即发生抵销的效力。法定抵销应当具备以下条件：①当事人双方互负债务互享债权；②双方债务均已到期；③债的标的物种类、品质相同。

约定抵销，指当事人双方协商一致，使自己的债务与对方的债务在对等额内消灭。约定抵销标的物的种类、品质可以不同，但双方必须协商一致，不能由单方决定抵销。

2.6.1.4 债务人依法将标的物提存

提存，指由于债权人的原因而无法向其交付合同标的物时，债务人将该标的物交给提存机关而消灭债务的制度。有下列情形之一，难以履行债务的，债务人可以将标的物提存：①债权人无正当理由拒绝受领；②债权人下落不明；③债权人死亡未确定继承人或者丧失民事行为能力未确定监护人；④法律规定的其他情形。

标的物不适于提存或者提存费用过高的，债务人依法可以拍卖或者变卖标的物，提存所得的价款。

标的物提存后，除债权人下落不明的以外，债务人应当及时通知债权人或者债权人的继承人、监护人。标的物提存后，毁损、灭失的风险由债权人承担。提存期间，标的物的孳息归债权人所有。提存费用由债权人负担。债权人可以随时领取提存物，但债权人对债务人负有到期债务的，在债权人未履行债务或者提供担保之前，提存部门根据债务人的要求应当拒绝其领取提存物。债权人领取提存物的权利，自提存之日起五年内不行使而消灭，提存物扣除提存费用后归国家所有。

2.6.1.5 债权人免除债务

免除，指债权人抛弃债权，从而消灭合同关系及其他债的关系。债权人免除债务人部分或者全部债务的，合同的权利义务部分或者全部终止。免除是处分债权的行为，作出免除意思表示的债权人必须具有完全民事行为能力，无民事行为能力或者限制民事行为能力人的免除行为除非由法定代理人代理或经法定代理人同意，否则不产生法律效力。

2.6.1.6 债权债务同归于一人

这种合同终止情形也即债因混同终止。混同，指债权人和债务人同归于一人，致使合同关系及其他债的关系消灭的事实。广义的混同，指不能并立的两种法律关系同归于一人而使其权利义务归于消灭的现象，包括：①所有权与他物权同归于一人；②债权与债务同归于一人；③主债务与保证债务同归于一人。狭义的混同，也即合同法上的混同，仅指债权与债务同归于一人的情况。

债权和债务同归于一人的，合同的权利义务终止，但涉及第三人利益的除外。

2.6.2 合同终止后的法律规定

（1）后合同义务规定

后合同义务，指合同的权利义务终止后，当事人依照法律的规定，遵循诚实信用原则，根据交易习惯履行的义务。合同的权利义务终止后，当事人应当遵循诚实信用原则，根据交易习惯履行通知、协助、保密等义务。

遵循诚实信用原则，根据交易习惯，合同终止后的义务通常有以下几方面。

① 通知的义务。合同权利义务终止后，一方当事人应当将有关情况及时通知另一方当事人。比如，债务人将标的物提存的，应当通知债权人标的物的提存地点和领取方式。

② 协助的义务。合同的权利义务终止后，当事人应当协助对方处理与原合同有关的事务。比如，合同解除后，需要恢复原状的，对于恢复原状给予必要的协助；合同的权利义务终止后，对于需要保管的标的物协助保管。

③ 保密的义务。保密指保守国家秘密、商业秘密和合同约定不得泄露的事项。泄露了商业秘密要承担民事责任。除了国家秘密和商业秘密，当事人在合同中约定保密的特定事项，合同的权利义务终止后，当事人也不得泄露。

(2) 合同中结算和清理条款的效力

合同的权利义务终止，不影响合同中结算和清理条款的效力。合同终止，合同条款也相应地失去其效力。但是如果该合同尚未结算清理完毕，合同中约定的结算清理条款仍然有效。结算是经济活动中的货币给付行为，清理指对债权债务进行清点、估价和处理。

2.7 违约责任

2.7.1 违约责任的概念及一般法律规定

违约责任，是指当事人任何一方不履行合同义务或者履行合同义务不符合约定而应当承担的法律责任。按照合同是否履行与履行状况，违约行为可分为合同的不履行和不适当履行。合同的不履行，指当事人不履行合同义务。合同的不履行包括拒不履行和履行不能，拒不履行指当事人能够履行合同却无正当理由而故意不履行，履行不能指因不可归责于债务人的事由致使合同的履行在事实上已经不可能。合同的不适当履行，又称不完全给付，指当事人履行合同义务不符合约定的条件。

违约行为发生于合同履行期届至之前的，为预期违约。当事人在合同履行期到来之前无正当理由明确表示将不履行合同，或者以自己的行为表明将不履行合同，即构成预期违约。《合同法》第一百零八条规定，当事人一方明确表示或者以自己的行为表明不履行合同义务的，对方可以在履行期之前请求其承担违约责任。当事人一方不履行合同义务，或履行合同义务不符合约定的，应当承担继续履行、采取补救措施或者赔偿损失等违约责任。

当事人一方未支付价款或者报酬的，对方当事人可以请求其履行，支付价款或者报酬，并可以请求其承担其他适当的违约责任。当事人一方迟延支付价款或者报酬的，除已支付价款或者报酬的外，还应当承担其他违约责任，如支付违约金、赔偿逾期利息。

当事人一方因第三人的原因造成违约的，应当向对方承担违约责任。当事人一方和第三人之间的纠纷，依照法律规定或者按照约定解决。

因当事人一方的违约行为，侵害对方人身、财产权益的，受损害方有权选择依照《合同法》要求其承担违约责任或者依照其他法律要求其承担侵权责任。

当事人双方都违反合同的，应当各自承担相应的责任。

2.7.2 承担违约责任的方式

(1) 继续履行

继续履行是指违反合同的当事人不论是否承担了赔偿金或者承担了其他形式的违约

责任，都必须根据对方的要求，在自己能够履行的条件下，对合同未履行的部分继续履行。特别是金钱债务，违约方必须继续履行，因为金钱是一般等价物，没有别的方式可以替代履行。因此，当事人一方未支付价款或者报酬的，对方可以要求其支付价款或者报酬。

当事人一方不履行非金钱债务或者履行非金钱债务不符合约定的，对方也可以要求继续履行，但有下列情形之一的除外：

① 法律上或者事实上不能履行；

② 债务的标的不适于强制履行或者履行费用过高；

③ 债权人在合理期限内未要求履行。

（2）采取补救措施

补救措施，是指对于合同履行中质量不符合约定的，应当按照当事人的约定承担违约责任。对违约责任没有约定或者约定不明确，受损害方根据标的性质以及损失的大小，可以合理选择要求对方采取的修理、更换、重作、退货、减少价款或者报酬等措施。

（3）赔偿损失

当事人一方不履行合同义务或者履行合同义务不符合约定的，在履行义务或者采取补救措施后，对方还有其他损失的，应当赔偿损失。损失赔偿额应当相当于因违约所造成的损失，包括合同履行后可以获得的利益，但不得超过违反合同一方订立合同时预见到或者应当预见到的因违反合同可能造成的损失。

当事人一方违约后，对方应当采取适当措施防止损失的扩大；没有采取适当措施致使损失扩大的，不得就扩大的损失要求赔偿。

（4）支付违约金

当事人可以约定一方违约时应当根据违约情况向对方支付一定数额的违约金，也可以约定因违约产生的损失赔偿额的计算方法。

约定的违约金低于造成的损失的，当事人可以请求人民法院或者仲裁机构予以增加；约定的违约金过分高于造成的损失的，当事人可以请求人民法院或者仲裁机构予以适当减少。

当事人就迟延履行约定违约金的，违约方支付违约金后，还应当履行债务。

（5）定金罚则

当事人可以约定一方向对方给付定金作为债权的担保。债务人履行债务后，定金应当抵作价款或者收回。给付定金的一方不履行约定的债务的，无权要求返还定金；收受定金的一方不履行约定的债务的，应当双倍返还定金。

当事人既约定违约金，又约定定金的，一方违约时，对方可以选择适用违约金或者定金条款。

2.7.3　因不可抗力无法履约的法律责任

不可抗力指当事人订立合同时不可预见，它的发生不可避免，人力对其不可克服的自然灾害、战争等客观情况。因不可抗力不能履行合同的，根据不可抗力的影响，部分或者全部免除责任，但法律另有规定的除外。当事人迟延履行后发生不可抗力的，不能免除责任。

当事人一方因不可抗力不能履行合同的，应当及时通知对方，以减轻可能给对方造成的损失，并应当在合理期限内提供证明。

2.8 合同争议的解决方式

合同争议的解决方式有和解、调解、仲裁、诉讼四种。这里所说的和解和调解是狭义的，不包括仲裁和诉讼程序中在仲裁庭和法院的主持下的和解和调解。这两种情况下的和解和调解属于法定程序，其解决方法仍有法律强制执行力。用和解和调解的方式能够便捷地解决争议，省时、省力，又不伤双方当事人的和气，因此，提倡解决合同争议首先利用和解和调解的方式。值得注意的是，和解和调解的结果没有法律强制执行力，要靠当事人的自觉履行。

（1）和解

和解是指合同争议的当事人，在自愿互谅的基础上，按照国家有关法律、政策和合同的约定，达成和解协议，自行解决合同争议的一种方式。

和解具有简便易行，能经济、及时地自行解决争议，有利于维护合同双方的友好合作关系等优点，因此和解应为合同当事人解决争议首选的方式。

合同双方当事人之间自行协商解决争议，应当遵守以下原则：

① 平等自愿原则。不允许任何一方以欺诈、胁迫等手段，迫使对方让步或者达成不平等的和解协议。

② 合法原则。即双方达成的和解协议，其内容要符合法律和政策规定，不能损害国家利益、社会公共利益和他人的利益。否则，当事人之间为解决争议达成的协议无效。

（2）调解

调解是指在第三人的主持下，对存在争议双方当事人进行劝导，协调双方当事人的利益，使双方当事人在自愿的原则下达成调解协议，解决合同争议的方式。调解相对于和解，引入了第三方主体，也就意味着合同双方当事人已经无法自行协商解决争议，因此，调解是当事人经过和解仍不能解决争议后采取的方式，但是与仲裁、诉讼相比，仍具有与和解相似的简便、经济、及时解决争议，维护双方的长期合作关系等优点。

采用调解方式解决合同争议，也应遵循平等自愿原则和合法原则。

（3）仲裁

仲裁也称公断，即由第三者依据双方当事人在合同中订立的仲裁条款或自愿达成的仲裁协议，按照法律规定对合同争议进行裁断，以解决合同争议的一种方式。仲裁是现代世界各国普遍设立的解决争议的一种法律制度。这种争议解决方式必须是自愿的，因此必须有仲裁协议。如果当事人之间有仲裁协议，争议发生后又无法通过和解和调解解决，则应及时将争议提交仲裁机构仲裁。

规范仲裁程序的基本原则主要有：

① 当事人自愿原则。当事人采用仲裁方式解决合同争议，应当双方自愿、达成仲裁协议，没有仲裁协议，一方申请仲裁的，仲裁委员会不予受理。

② 独立性原则。仲裁依法独立进行，不受行政机关、社会团体和个人的干涉。

③ 一裁终局原则。仲裁实行一裁终局的制度。裁决作出后，当事人就同一纠纷再申请仲裁或者向人民法院起诉的，仲裁委员会或者人民法院不予受理。

仲裁这种解决合同争议的方式具有意思自治、专业性、保密性、一裁终局以及强制性等特点。

（4）诉讼

合同争议诉讼是指人民法院根据合同当事人的请求，在所有诉讼参与人的参加下，审理和解决合同争议的活动。诉讼由国家审判机关依法进行审理裁判，最具有权威性，裁判发生法律效力后，以国家强制力保证裁判的执行。因此，与其他解决合同争议的方式相比，诉讼是最有效的一种方式。

合同双方当事人无法通过和解或者调解解决争议，又未约定仲裁协议，或者合同约定解决争议的方式为诉讼，则只能以诉讼作为解决争议的最终方式。

诉讼这种解决合同争议的方式具有程序、实体严格依法，当事人诉讼地位平等，二审终审，生效裁判具强制性等特点。

思 考 题

1. 什么是合同及《合同法》基本原则？

2. 合同的一般形式和内容包括哪些？

3. 合同订立经过哪两个阶段？

4. 缔约过失责任包括哪几种情形？

5. 合同生效的条件是什么？

6. 什么是附条件和附期限的合同？

7. 什么是效力待定合同？

8. 无效合同有哪几种情形？

9. 什么是合同履行中的抗辩权？包括哪几种形式？

10. 什么是代位权和撤销权？

11. 违约责任的承担形式是什么？

12. 合同争议的解决方式有哪些？各自的优缺点是什么？

第 **3** 章

建设工程投资决策阶段的合同管理

主要内容：建设工程投资决策阶段合同主体、形式、签订过程；决策咨询合同管理、土地与房屋征收合同管理、土地使用权出让合同管理、贷款融资合同管理。

教学要求：了解建设工程投资决策阶段合同主体、一般形式和签订过程；熟悉决策咨询服务的内容和要求；掌握决策咨询合同、土地与房屋征收合同、土地使用权出让合同、贷款融资合同等合同管理的主要内容、要点。

3.1 建设工程投资决策阶段合同概述

3.1.1 合同参与主体

发包人、承包人是建设工程项目投资决策阶段的合同当事人。发包人、承包人必须具备一定的资格，才能成为合同的合法当事人，否则，工程合同可能因主体不合格而导致无效。

（1）发包人主体资格

发包人有时也称发包单位、建设单位、业主或项目法人。发包人的主体资格也就是投资决策咨询并签订工程咨询合同的主体资格。

《中华人民共和国建筑法》（以下简称《建筑法》）对发包人的主体资格未作限定。《中华人民共和国招标投标法》（以下简称《招标投标法》）第九条规定"招标人应当有进行招标项目的相应资金或者资金来源已经落实，并应当在招标文件中如实载明"，这就要求发包人有支付工程咨询价款的能力。《招标投标法》第十二条规定"招标人具有编制招标文件和组织评标能力的，可以自行办理招标事宜"。综上所述，发包人进行工程发包应当具备下列基本条件：

① 应当具有相应的民事权利能力和民事行为能力；

② 实行招标发包的，应当具有编制招标文件和组织评标的能力或者委托招标代理机构代理招标事宜；

③ 有进行招标项目的相应资金或者资金来源已经落实。

发包人的主体资格除应符合上述基本条件外，还应符合建设部和国家工商行政管理局所发布的《建筑市场管理规定》、建设部印发的《工程项目建设管理单位管理暂行办法》的具体规定；当建设单位为房地产开发企业时，还应符合《房地产开发企业资质管理规定》。

（2）承包人

建设工程项目投资决策阶段的承包人主要有工程咨询单位、金融机构等。对于建设工程承包人，我国实行严格的市场准入制度。为严格市场准入，保障工程咨询质量，国家出台了《中华人民共和国行政许可法》和《国务院对确需保留的行政审批项目设定行政许可的决定》（中华人民共和国国务院令第 412 号），国家发展和改革委员会也制定了《工程咨询单位资格认定办法》，该办法规定工程咨询单位必须依法取得国家发展和改革委员会颁发的《工程咨询资格证书》，凭《工程咨询资格证书》开展相应的工程咨询业务。

3.1.2 合同主要形式

工程咨询合同按照其计价方式和付款方式的不同，可以分为以下类型。

（1）总价合同

总价合同被广泛应用于简单的规划和可行性研究、环境研究、标准或普通建筑物的详细设计。采用总价合同时，价格应当作为评选咨询专家的因素之一。总价合同的特点是合同项下的付款总额一旦确定，就不要求按照人力或成本的投入量计算付款。总价合同一般按约定的时间表或进度付款，管理上比较容易，但是谈判可能比较复杂。对于咨询专家应当完成的任务，委托人应当有充分的了解。在谈判中，委托人应当仔细审查咨询公司提出的合同金额费用概算和计算依据，例如所需的人力、工作时间和其他投入。如果合同中无专门约定，在合同履行期间，不论咨询公司的投入高于还是低于预算水平，合同双方均不应要求调整或者补偿。采用总价合同时，咨询公司可以根据具体工作的类别，按惯例的百分比报价，但在谈判时仍然应当开列详细的费用预算。总价合同的费用预算通常包括价格不可预见费，但是应当在谈判中检查其是否合理。总价合同金额内不应包括实物不可预见费，合同之外的工作通常按计时费率另行支付。

（2）人/月合同

人/月合同，主要用于复杂的研究、工程监理、顾问性服务以及大多数的培训等服务工作。这类服务工作的服务范围和时间长短一般难以确定。付款是基于双方同意的人员（一般在合同中列出名单）按小时、日、周或月计算的费率，以及使用实际支出和双方同意的单价计算的可报销项目费用。人员的费率包括工资、社会成本、管理费、酬金/利润以及特别津贴。这类合同应包括一个对咨询人付款总数的最高限额。这一付款上限应包括为不可预见的工作量和工作期限留出的备用费，以及在合适的情况下提供的价格调整。以时间为基础的合同需要由委托人严密监督和管理，以确保该项服务的具体工作进展令人满意，且咨询人的付款申请是适当的。

（3）百分比合同

这类合同通常用于建筑方面的服务，也可用于采购代理和检验代理。百分比合同将付给咨询人的费用与估算的或者实际的项目建设成本，或者所采购和检验的货物的成本直接挂钩。对这类合同应以服务的市场标准和/或估算的人、月费用为基础进行谈判，或寻求竞争性报价。与总价合同一样，合同项下的付款总额一旦确定，就不要求按照人力或者成本的投入量计算付款。这种合同在某些国家一度广为采用，但是容易增加工程成本，因此一般是不可取的。只有在合同是以一个固定的目标成本为基础并且合同项下的服务能够精确界定时，才推荐在建筑服务中使用此类合同。

3.1.3 合同谈判与签约

谈判通常用电传或电报发出，确认谈判的时间，规定谈判的地点。参加谈判的咨询公司代表必须具有公司的书面授权书，证明他代表该公司进行谈判，以达成具有法律效力的协议。谈判的依据是委托咨询范围、合同条件、技术建议书、财务建议书等。招标人通过谈判，进一步审查投标人咨询服务实施方案是否可行、各项技术措施是否合理；进一步审查项目实施班子咨询人员的配备和实力是否得当，能否保证项目要求的质量和进度；审查财务建议书中咨询服务费的构成与数量是否合理；澄清相关合同条款含义，并结合招标项目的具体情况，在"专用条件"中对"通用条件"的某些条款内容进行修改和补充；进一步明确客户和咨询单位双方的权利、责任和义务。

合同条件一般由标准条件和特殊应用条件组成，包括以下基本内容：

① 合同中有关名词的定义及解释；

② 咨询工程师的义务，包括服务范围，正常的、附加的和额外的服务，行使职权的条款；

③ 客户的义务，包括提供为完成任务所需的资料、设备设施和人员支持的资料；

④ 职员，包括关于咨询专家和客户支持人员、各方代表、人员更换的条款；

⑤ 责任和保险，包括关于双方的责任、赔偿与保险的条款；

⑥ 协议书的开始、完成、变更与终止的条款；

⑦ 有关支付的条款；

⑧ 一般规定，包括关于协议书的语言、遵循的法律、转让和分包合同、版权、专利等条款；

⑨ 争端的解决，包括对损失或损害的索赔与仲裁条款。

谈判双方在各方面达成一致后，即可签订协议书。如果与排名第一的公司谈判不成功，则邀请排名第二的公司进行谈判，依此类推，直至与一家公司签约。一旦与一家公司签约，应立即通知名单中其他的公司，并将他们的财务建议书原封退还。

工程咨询单位在接到客户的谈判通知后，应准时派出谈判小组前往指定地点参加合同谈判。谈判小组一般应由编写建议书的负责人、财务与法律人员、项目负责人等组成。谈判小组组长应具有广博的业务知识、丰富的工程咨询经验和一定的合同谈判经验，能够对谈判中的问题及时作出应对和决策。谈判小组组长应持有公司法定代表人签署的授权书，证明他有资格代表本机构进行谈判以达成具有法律效力的协议。

在谈判前，要做好谈判的准备；拟定出谈判大纲，列出咨询单位希望在谈判中解决的问题和解决方案；确定谈判小组组长的授权范围；整理好谈判使用的参考资料。

从咨询单位的角度进行合同谈判，应特别注意下列问题：

① 区分合同生效期和咨询服务开始日期；

② 明确"不可抗力"的具体含义以及在不可抗力出现时，咨询单位应采用的对策和应得到的合理补偿；

③ 咨询单位需要客户提供的支持应详细开列出来，并作为合同的一部分；

④ 明确支付的细节，如支付方式、支付时间、外汇支付方式和比例、延期支付的补偿等；

⑤ 明确有关税务、保险等方面双方各自的责任和义务；

⑥ 明确争端解决的程序、方法，如双方同意采用仲裁解决争端，应写明仲裁机构、仲裁规则、仲裁地点等。

双方通过谈判取得一致意见并签署协议书之后，咨询项目就进入实施阶段。

3.2　决策咨询合同管理

3.2.1　注册咨询工程师（投资）和工程咨询单位的执业范围

按照人力资源和社会保障部、国家发展和改革委员会的有关规定，我国执行注册咨询工程师（投资）执业资格制度。但目前我国"注册咨询工程师（投资）"与国际上的"咨询工程师"的业务范围有所不同。国际上的咨询工程师可以从事建设工程项目投资建设全过程咨询服务，而我国的注册咨询工程师（投资）职业定位限于以投资决策咨询为主，兼顾与投资相关的其他咨询业务和宏观经济建设决策咨询业务。

我国注册咨询工程师（投资）的执业范围包括：

① 经济社会发展规划、计划咨询；

② 行业发展规划和产业政策咨询；

③ 经济建设专题咨询；

④ 投资机会研究；

⑤ 工程项目建议书的编制；

⑥ 工程项目可行性研究报告的编制；

⑦ 工程项目评价；

⑧ 工程项目融资咨询、绩效跟踪评价、后评价及培训咨询服务；

⑨ 工程项目招投标技术咨询；

⑩ 国家发展和改革委员会规定的其他工程咨询业务。

我国工程咨询单位资格认定的专业共31个，咨询服务范围包括：

① 规划咨询，含行业、专项和区域发展规划编制、咨询；

② 编制项目建议书，含项目投资机会研究、初步可行性研究；

③ 编制项目可行性研究报告、项目申请报告和资金申请报告；

④ 评估咨询，含项目建议书、可行性研究报告、项目申请报告与初步设计评估以及项目后评估、概预决算审查等；

⑤ 工程设计；

⑥ 招标代理；

⑦ 工程监理、设备监理；

⑧ 工程项目管理，含工程项目的全过程或若干阶段的管理服务。

3.2.2　建设工程决策阶段咨询服务的内容

决策阶段咨询也称投资前咨询。工程咨询公司受客户委托运用现代工程经济学、市场学、项目管理学等理论，通过深入的调查研究，采用先进的信息处理技术，帮助客户鉴别项目，从社会、经济、技术、财务、组织管理等方面进行分析论证，设计选择项目优化方案，减少投资风险，以实现最佳效益目标。

(1) 规划咨询

规划咨询是为经济和社会发展而制订的中长远蓝图，可以分为区域（地区）规划和行业（部门）规划。规划咨询就是为制订规划而提供的咨询服务，其目的就是为国家及其行业和地方投资决策服务，提高投资效益，搞好区域或行业的发展规划。发展规划即中长期规划，是为实现发展战略的分阶段目标而进行的谋划与安排。规划咨询的内容一般有以下几个方面。

① 发展战略目标。发展目标是规划期中或期末时所要达到的成果，它反映某一时点区域或行业的总蓝图。发展目标一般包括经济、技术、社会、环境、管理等五个方面的目标，其中经济目标包括七个：GDP、人均国民收入、经济增长速度、劳动生产率、生产能力和规模、产品产量、产业结构等。

② 发展思路和开发方案。发展思路就是发展规划应遵循的规则。开发方案是指根据区域或行业发展的时序性和阶段性，划分近期、中期和远期的规划发展重点。

③ 发展规划的条件（一般应研究基本现状条件和发展条件）。区域规划的基本条件包括三个：地理条件；经济基础条件；社会人文条件。行业规划的基本条件包括六个：生产力布局现状、技术水平、市场开发程度、产品结构、行业优势、产权体制等。区域或行业规划的发展条件主要包括五个：资源条件；社会和环境条件；基础设施条件；生产开发能力；管理制度更新等。

④ 产业结构和产业政策。

⑤ 投资方案和备选项目。

(2) 项目投资机会研究

项目投资机会研究是在将项目意向变成项目建议书的过程中，对所需要的参数、资料和数据进行量化分析的主要工具，包括一般机会研究和特定项目机会研究。一般机会研究又分为地区机会研究、部门机会研究和资源开发机会研究等三类。机会研究的方法主要是依靠经验进行粗略的估计，主要咨询内容包括分析投资动机、鉴别投资机会、论证投资方向、具体项目机会论证。这个阶段的工作比较粗略，投资与成本的数据一般是通过与现有的可比项目的对比而来的，因而数据的精确度误差可在±30%以内。

(3) 初步可行性研究

初步可行性研究是介于投资机会研究和详细可行性研究之间的一个研究阶段。这种研究的主要目的是对项目投资的必要性进行研究；判断项目的设想是否有生命力，并据此提出投资决策的初步意见。初步可行性研究的内容与详细可行性研究的内容基本相同，其主要区别在于所获得资料的详细程度和对各项内容的讨论深度，对项目投资和生产成本的估算精度一般要求控制在±20%以内。

(4) 可行性研究

可行性研究也称详细可行性研究，它是根据国民经济长远规划和地区、行业规定的要求，按照市场反映的需求状况，对拟投资项目在技术、经济和社会上是否合理和可行，进行全面分析、论证，对方案进行比选，并提出评价意见，为投资决策和项目审批提供科学依据。它的主要研究内容与初步可行性研究基本相同，只是调查研究在深度上和广度上更全面、更深入、更系统，使用的数据更为准确。具体地说，可行性研究通常要解答下列问题：为什么要建设这个项目？其建设的必要性如何？资源及市场情况如何？建多大规模合适？项目建在何处好？采用什么工艺技术，有何特点？需要什么样的外部条件？建设期多长合适？能否获得所需资金？建成后的宏观和微观经济效益如何？

可行性研究的内容比较详细，所花费的时间和精力都比较大。在这一阶段对投资额和成本要根据该项目的实际情况进行认真调查、预测和详细计算，其计算精度应控制在±10％以内。

（5）项目评估

项目评估是由政府主管部门、投资者、项目贷款银行等有关各方组织或聘请另一家独立的咨询单位来完成的。对可行性研究的内容与结论进行审核和评价，进一步对投资项目的必要性和可靠性作出判断，使项目决策者能够对项目的选定与实施作出正确合理的决定或审批。

3.2.3 咨询服务合同范本

尽管各类合同的条款不尽相同，侧重也不同，但都围绕以下几个重要条款组成合同的内容。

（1）货币选择

由于工程咨询服务可能是全球性的，因此对于支付货币中的要求应予以明确。

委托人发出的建议书、邀请函应明确说明咨询公司要以世界银行任何成员国的货币或以欧洲货币单位表示其服务价格。咨询公司也可以用不同的外国货币金额之和来报价，但使用的外币不应超过三种。委托人可以要求咨询公司说明其报价中以借款国货币表示的当地费用部分。合同付款应按建议书中表示价格的一种或多种货币支付。

（2）价格调整

合同期超过18个月的合同，应在其中包括一个价格调整条款，以针对国外或当地发生的通货膨胀对报酬进行调整。如果当地或国外通货膨胀很高或不可预测时，合同期少于18个月的合同也可包括价格调整条款。

（3）支付条款

委托人和咨询公司应在谈判期间就合同中的支付条款，包括支付金额、支付时间表和支付程序达成一致。支付可以按固定时间间隔（如以时间为基础的合同）或按双方同意的方式（如总价合同）。超过合同总价10％的预付款一般要求必须提供预付款保函。

（4）利益冲突

咨询公司除得到合同规定报酬外，不应得到任何与该任务有关的报酬。咨询公司及其相关的单位和人员不得从事与合同项下客户的利益有冲突的咨询活动，并且应被排除在与任务有关的货物和服务采购名单之外。

（5）适用法律和争端解决

合同中包括涉及适用法律和争端解决机制的条款，世界银行鼓励使用国际商务仲裁，但不应指定世界银行作为仲裁人或要求世界银行指定仲裁人。

工程项目咨询委托合同范本

合同编号：＿＿＿号

委托单位（下称甲方）：

咨询单位（下称乙方）：

经双方协商，由甲方委托乙方承担＿＿＿＿＿＿＿＿＿＿＿＿＿＿＿＿＿＿＿＿＿工程项目的□可行性研究报告□项目申请报告□资金申请报告□规划设计□建筑设计□政府采购和工程招标代理□工程监理的工程咨询业务，特订立本合同。

第一条 甲方在合同签订之日起＿＿＿天以内，向乙方提供所有与咨询工程有关的数据和资料，并对全部资料的准确性、真实性负责，乙方认为必要的情况下可以对甲方的建设场所及相关经营场所实际考察调研。

第二条 根据双方商定的咨询深度，乙方应在甲方预付咨询费到位后＿＿＿个工作日，向甲方提交本合同工程的咨询成果报告，对此承担责任。

乙方应向甲方提交咨询成果书面报告＿＿＿份。

甲方如在合同期间对＿＿＿＿＿＿＿＿＿＿＿＿＿＿＿＿＿＿＿工程项目提出重大变更，甚至原始资料、数据有重大变动，有可能导致乙方对咨询成果报告作修改甚至返工时，须经双方协商，对本合同进行修改，或增加任务变更附件，或另订合同。

第三条 费用支付条款

1. 本工程的工程咨询费为人民币￥＿＿＿＿＿＿＿元整（大写：＿＿＿＿＿＿＿＿＿＿＿＿＿）。于合同生效之日（签字盖章之日）预付咨询费用＿＿％，剩余咨询费用按照进度或在提交正式咨询报告前全部付清。支付方式是＿＿＿＿＿＿＿＿＿＿＿＿＿＿＿＿＿＿＿＿。

2. 甲方中止合同时，无权要求乙方退还预付费用。

3. 乙方不履行本合同规定的责任与义务时，应全额退还预付费用。

第四条 违约罚金

1. 乙方不按合同规定的日期提交工程咨询成果报告时，每拖期一天，应扣除其所应得费用的15％，作为违约罚金，扣完为止。

2. 乙方提供的咨询成果报告中出现原则性错误，且此等错误系乙方造成者，乙方应在甲方规定的时间内进行修改完毕。

3. 因甲方责任造成的咨询成果报告重大修改（如规划、建设方案调整或投资估算调整），或返工重作，应另行增加费用，其数额由双方商定。

4. 甲方超过合同规定日期付费时，应偿付给乙方以逾期违约罚金，以每逾期一天按合同规定费用的＿＿＿＿＿＿＿％计算，乙方有权在甲方全部咨询费用到位后提交全部或部分咨询成果报告。

第五条 本合同自签订之日起生效。合同中如有未尽事宜，由双方共同协商，做出修改或补充规定。修改或补充规定与本合同具有同等效力。

第六条 本合同正本一式二份，双方各执一份。合同副本一式＿＿＿＿＿份。

第七条 附加条款：

甲　方：＿＿＿＿＿＿＿＿＿（盖章）　　　　　乙　方：＿＿＿＿＿＿＿＿＿（盖章）

负责人：＿＿＿＿＿＿＿（签字）　　　　　　　负责人：＿＿＿＿＿＿＿（签字）

　　　＿＿年＿＿月＿＿日　　　　　　　　　　　　　＿＿年＿＿月＿＿日

3.3　土地与房屋征收合同管理

3.3.1　集体土地征收补偿协议

3.3.1.1　集体土地征收行为概述

集体土地征收行为是指国家因进行经济、文化、国防建设以及兴办社会公共事业的需要，强制性地将属于集体所有的土地收归国有，并对集体组织进行补偿的行为。《中华人民共和国宪法》第十条规定"国家为了公共利益的需要，可以依照法律对土地实行征用"，《土地管理法》第二条第四款规定"国家为了公共利益的需要，可以依法对土地实行征收或者征用并给予补偿"。由于我国人多地少，必须十分珍惜和合理使用土地资源，加强土地管理，切实保护土地，严格控制农业用地转为非农业用地，应当由国家垄断城镇土地一级市场，只有国有土地方可有偿出让作为房地产开发用地，集体土地如需作为房地产开发用地应经征收转化为国有土地后方可。

3.3.1.2　集体土地征收补偿协议的补偿范围和标准

集体土地征收补偿协议是指国家因进行经济、文化、国防建设以及兴办社会公共事业的需要，强制性地将属于集体所有的土地收归国有，与集体组织就补偿问题所达成的协议。

（1）征收土地的补偿费用

国家建设征收土地，按照被征收土地的原用途给予补偿，由用地单位支付补偿费用。征收土地的补偿费用包括以下三项内容。

① 土地补偿费。土地补偿费是因国家征收土地而对土地所有人和使用人的土地投入和收益损失给予的补偿。补偿的对象包括土地所有权人和使用权人。征收耕地的土地补偿费，为该耕地被征收前三年平均产值的六至十倍。征收其他土地的补偿费标准，由省、自治区、直辖市参照征收耕地的补偿费标准规定。

② 安置补助费。安置补助费是为了安置以土地为主要生产资料并取得生活来源的农业人口的生活而给予的补助费用。征收耕地的安置补助费，按照需要安置的农业人口数计算。需要安置的农业人口数，按照被征收的耕地数量除以征地前被征地单位平均每人占有的耕地的数量计算。每一个需要安置的农业人口的安置补助费标准为该耕地被征收前三年平均年产值的四至六倍，但是每公顷被征收耕地的安置补助费，最高不得超过被征收前三年平均年产值的十五倍。征收其他土地的安置补助费标准，由省、自治区、直辖市参照征收耕地的安置补助费标准规定。

依照规定支付土地补偿费和安置补助费，尚不能使需要安置的农民保持原有的生活水平的，经省、自治区、直辖市人民政府批准，可以增加安置补助费。但是，土地补偿费和安置补助费的总和不得超过土地被征收前三年平均年产值的三十倍。另外，国务院根据社会、经济发展水平，在特殊情况下，可以提高征收耕地的土地补偿费和安置补助费的标准。

③ 地上附着物和青苗的补偿费。地上附着物包括地上地下的各种建筑物、构筑物和其他附着物，如房屋、水井、管线、道路、林木等，这些地上附着物的拆迁、砍伐、重置等费用，用地单位应给予补偿。青苗指正在生长而未能收获的农作物，用地单位应给予补偿。依照法律规定，地上附着物和青苗的补偿费的标准由省、自治区、直辖市规定。

另外，征收城市郊区菜地的，用地单位还应当依照国家有关规定缴纳新菜地的开发建设基金。关于新菜地开发建设基金的缴纳标准，按照国务院有关部门的规定，按照城市规模的大小分别确定不同的标准。每征收1亩城市郊区菜地，城市人口100万以上，缴纳7000～10000元；城市人口50万～100万的，缴纳5000～7000元；城市人口50万以下的，缴纳3000～5000元。新菜地开发建设基金由城市人民政府收取，用于本城市郊区菜地的开发建设。

根据《土地管理法实施条例》第二十五条第四款规定，征收土地的各项费用应当自征地补偿、安置方案批准之后起三个月内全额支付。

（2）征地补偿费用的处理

　　国家建设征收土地的土地补偿费归农村集体经济组织所有；地上附着物及青苗补偿费归地上附着物及青苗的所有者所有。征收土地的安置补助费必须专款专用，不得挪作他用。需要安置的人员由农村集体经济组织安置的，安置补助费应支付给农村集体经济组织，由农村集体经济组织管理和使用；由其他单位安置的，安置补助费支付给该安置单位；不需要统一安置的，安置补助费发给被安置人员个人或者征得被安置人员同意后用于支付被安置人员的保险费用。任何单位和个人不得占用。市、县和乡（镇）人民政府应当加强对安置补助费使用情况的监督。侵占、挪用被征收土地单位的征地补偿费用和其他有关费用，构成犯罪的，依法追究刑事责任；尚不构成犯罪的，依法给予行政处分。

　　（3）安置剩余劳动力

　　因国家建设征收土地造成的多余劳动力，由县级以上地方人民政府土地管理部门组织被征收单位、用地单位和有关单位，通过发展副业生产和举办乡（镇）村企业等途径加以安置；安置不完的，可以安排符合条件的人员到用地单位或者其他集体所有制单位和全民所有制单位就业，并将相应的安置补助费转拨给吸收劳动力的单位。被征地单位的土地被全部征收的，经省、自治区、直辖市人民政府审查批准，原有农业户口可以转为非农业户口。原有的集体所有的财产和所得的补偿费、补助费，由县级以上人民政府与有关乡（镇）村商定处理，用于组织生产和不能就业人员的生活补助。

3.3.1.3　签订集体土地征收补偿协议的注意事项

　　① 集体土地征收意味着集体土地所有权的丧失，意味着农民对土地使用收益利益的丧失，故用地单位应根据国家法律的规定，妥善安置被征地单位和农民的生产和生活：一是对被征收土地的生产单位妥善安排生产；二是对征地范围内的拆迁户要妥善安置；三是征收的耕地要适当补偿；四是征地给农民造成损失的要适当补助。

　　② 保持被征收土地农民原有生活水平。土地是农民最基本的生活资料，征收农民的土地等于剥夺了他们的生活来源。因此，征收补偿应以被征地农民的生活水平不降低为原则，以保护农民的利益不因征地而受损。

　　③ 按照被征收土地的原用途给予补偿。征收土地的补偿标准和补偿范围不能因征收之后土地的用途改变而改变，而是按照被征收土地的原用途确定补偿标准和补偿范围。原来是耕地的，按耕地的标准给予补偿；原来是林地的，按林地的标准给予补偿；原来是未利用地，没有收益的，原则上不给予补偿。对地上物的补偿和对人员的安置也是如此。征收土地之前的地上物给予补偿，征收土地之后新增的地上物则不予补偿；对征收土地之前土地上的人员给予安置，对征收土地之后新增的人员则不予安置。

　　④ 土地是不可再生的自然资源，亦是国家最宝贵的物质财富，尤其农业是我国的基础产业，必须保护耕地和合理利用土地，因此在征收土地时应当坚持能征收荒地的就不征收耕地，能少征的就不多征，坚决反对征而不用、多征少用、浪费土地的行为。

3.3.2　国有土地上房屋征收补偿协议

3.3.2.1　房屋征收补偿协议的概念和当事人

　　根据《国有土地上房屋征收与补偿条例》（以下简称《征收条例》）第二十五条规定，房屋征收补偿安置协议是指房屋征收部门与被征收人依照本条例的规定，就补偿方式、补偿金额和支付期限、用于产权调换房屋的地点和面积、搬迁费、临时安置费或者周转用房、停产停业损失、搬迁期限、过渡方式和过渡期限等事项，订立补偿协议。

房屋征收补偿协议的主体是房屋征收部门和被征收人。《补偿条例》第四条第二款规定，市、县级人民政府确定的房屋征收部门（以下称房屋征收部门）组织实施本行政区域的房屋征收与补偿工作。可见征收补偿协议的一方主体是市、县级人民政府确定的房屋征收部门，而非作出征收决定的市、县级人民政府本身。

签订补偿协议是一种法律行为，要求双方当事人应当具有相应的权利能力和行为能力。不具有机关法人资格的政府工作部门不得被确定为房屋征收部门，不能参与房屋征收法律关系成为补偿协议当事人。

征收的房屋属于两个以上单位或个人共有的，应将全体共有人确定为被征收人。《中华人民共和国物权法》（以下简称《物权法》）第九十三条规定："不动产或者动产可以由两个以上单位、个人共有。共有包括按份共有和共同共有。"第九十四条规定："按份共有人对共有的不动产或者动产按照份额享有所有权。"第九十五条规定："共同共有人对共有的不动产或动产共同享有所有权。"第九十七条规定："处分共有的不动产或动产以及对共有的不动产或者动产作重大修缮的，应当经占份额三分之二以上的按份共有人或者全体共同共有人的同意，但共有人之间另有约定的除外。"因此，房屋征收部门在征收设有共有关系的房屋时，应当与全体共同共有人签订征收补偿安置协议，切忌漏列当事人。

3.3.2.2　房屋征收补偿协议的主要内容

根据《合同法》第十二条和《征收条例》第二十五条规定，签订房屋征收补偿协议应包括以下几个方面的内容。

（1）双方当事人的姓名或名称、住址

双方当事人即房屋征收部门与被征收人。由于合同主体是合同约定的权利义务的享有者和承担者，因此对当事人名称、住址的详细写明有利于在发生纠纷后准确地确定责任人。此外为使征收部门和被征收人在房屋征收补偿协议履行中加强联系，应将双方的联系方式也记录在协议中。

（2）标的

标的是房屋征收补偿协议确定的权利义务所指向的对象，其中被征收人如期从将被征收的房屋中搬迁的行为，征收部门支付给被征收人的货币补偿和产权调换的房屋都是房屋征收补偿协议的标的。

（3）数量

房屋征收补偿协议的数量是指被征收人选择货币补偿方式时，由房屋征收部门向被征收人支付的金钱的数额，以及搬迁费、临时安置费等其他费用的总和。补偿金额应分项计算，在补偿协议中分别规定被征收房屋价值的补偿金额、补助和奖励的金额等。原则上，补偿协议还应当就各项补偿金额的计算标准和计算方式作出决定。

对被征收房屋价值的补偿，不得低于房屋征收决定公告之日被征收房屋类似房地产的市场价格。被征收房屋的价值，由具有相应资质的房地产价格评估机构按照房屋征收评估办法评估确定。

被征收人选择房屋产权调换的，市、县级人民政府应当提供用于产权调换的房屋，并与被征收人计算、结清被征收房屋价值与用于产权调换房屋价值的差价。

无论拆迁人选择的是货币补偿还是产权调换都需对数量条款进行详细约定，其中产权调换需要约定面积，货币补偿需要约定数额，这些如不详细列明日后则容易产生纠纷。

因征收房屋造成搬迁的，房屋征收部门应当向被征收人支付搬迁费；选择房屋产权调换的，产权调换房屋交付前，房屋征收部门应当向被征收人支付临时安置费或者提供周转用房。

对因征收房屋造成停产停业损失的补偿，根据房屋被征收前的效益、停产停业期限等因素确定。具体办法由省、自治区、直辖市制定。

（4）质量

房屋征收补偿协议中关于质量的条款很重要，当事人要对安置用房和回迁房的质量问题详细约定，关于房屋室内室外的种种质量问题详细写入协议，避免在交房时发生扯皮现象。

（5）履行期限、地点和方式

履行期限主要包括支付期限和搬迁期限。

① 支付期限。原则上补偿费用应当一次性支付，但当事人约定分期支付的除外，当事人可以分别约定不同补偿费用的支付期限。由于《征收条例》明确规定了先补偿后搬迁，因而支付的期限约定的最后时点应在搬迁开始时点之前。

② 搬迁期限。房屋征收部门应当给予被征收人合理的搬迁期限，不得造成被征收人仓促迁出，利益受损。不论货币补偿还是安置补偿，都存在一个搬迁期限的问题，因此对搬迁期限的约定是所有补偿协议的必备条款。

履行地点主要涉及产权调换房屋的地点。补偿协议应该明确约定用于产权调换房屋的地点和面积。因旧城区改建征收个人住宅，被征收人选择在改建地段进行房屋产权调换的，作出房屋征收决定的市、县级人民政府应当提供改建地段或者就近地段的房屋。

履行方式主要涉及补偿方式，房屋交割手续如何办理，补偿补助费如何支付以及搬迁过渡方式等问题，为避免日后出现争议也应在协议中列明。

（6）违约责任

违约责任是当一方不履行或不全面履行协议时，其应承担的民事责任。如果违约方承担的法律责任事先约定明确，便成为处理纠纷的依据，而且对当事人双方都具有一定警示作用。

（7）解决争议的方式

双方当事人可以约定当发生争议时，通过采取仲裁方式还是向法院提起诉讼解决。

综上所述，签订征收补偿协议的当事人主体资格必须合格，形式必须是书面的，内容必须符合征收法规，主要条款必须具备，并且在规定的征收期限内完成，才算是合法有效的征收补偿协议。

3.3.2.3 签订征收补偿协议应注意的事项

① 在填写数量条款时，需注意写明结算和计算单位，比如以人民币还是以外币为结算币种，房屋面积是建筑面积还是使用面积，建筑面积是否仅指室内面积等。

② 实行产权调换补偿方式的，则应明确用于调换产权的房屋的位置，房屋产权有无瑕疵、质量状况等情况，必须约定房屋产权证书由谁办理、费用由谁承担等。

③ 签订房屋征收补偿协议要注意合同的标的要符合法律规定，不能是法律法规规定禁止或者限制转让的物品，例如不能将抵押房屋用来进行产权调换，不能将国内禁止流通的外币作为补偿支付的币种等。

3.4 国有土地使用权出让合同管理

3.4.1 国有土地使用权出让概述

我国的土地市场分为两级：一级市场是土地使用权出让市场；二级市场是土地使用权交

易市场，包括土地使用权的转让、出租、抵押等。一级市场即土地使用权出让市场是土地作为商品经营和进入流通的第一步，反映了国家土地所有者与土地使用者之间的商品经济关系。一级市场是二级市场的前提和基础，没有土地使用权的出让就没有土地使用权的交易。

国有土地使用权是指使用权人利用国有土地进行房地产开发并进行房地产交易的权利。根据《中华人民共和国城镇国有土地使用权出让和转让条例》第八条以及《中华人民共和国城市房地产管理法》第七条的规定，土地使用权出让是指国家以土地所有者的身份将土地使用权在一定年限内让与土地使用者，并由土地使用者向国家交付土地使用权出让金的行为。

3.4.2　国有土地使用权出让的方式

国有土地使用权出让的方式，是指国家（由地方人民政府代表）将国有土地使用权出让给土地使用者所采取的形式或程序。

我国国有土地使用权出让以往主要采取协议、招标和拍卖的方式。其中，协议出让土地对土地的有效使用和开发起了很大的作用，对我国的经济发展作出了很大的贡献。随着社会主义市场经济体制的建立，房地产业和土地有偿使用制度的发展，协议出让土地方式也暴露出一些矛盾和问题，主要表现为：一是炒卖项目，甚至占地不开发的"圈地"；二是政府的土地收益流失；三是行为不规范，容易滋生腐败。所以协议出让土地方式已不适应市场经济发展的要求，在一定程度上制约我国的经济发展。因此，中央决定对国有土地使用权出让方式进行改革。

根据国土资源部 2002 年 4 月 3 日发布的《招标拍卖挂牌出让国有土地使用权规定》第四条的规定，商业、旅游、娱乐和商品住宅等各类经营性用地，必须以招标、拍卖或者挂牌方式出让；而其他用途土地的供地计划公示后，同一宗地有两个以上意向用地者的，也应当采用招标、拍卖或者挂牌方式出让。

3.4.3　国有土地使用权出让合同管理

3.4.3.1　国有土地使用权出让合同的含义

我国国有土地使用权出让主要通过国有土地使用权出让合同完成，即作为土地所有权人的国家与作为土地使用权取得人的公民、法人之间约定的国家将国有土地使用权转移给公民、法人，公民、法人对土地进行使用收益并向国家支付土地使用权出让金的协议。

虽然国有土地使用权出让合同的一方当事人是国家，但是土地使用权出让合同仍然是民事合同的一种，属双务、有偿、诺成合同，应当遵循《合同法》基本原则。

国有土地使用权出让合同一般表现为三种具体形式：成片开发土地使用权出让合同、宗地使用权出让合同以及划拨土地使用权补办出让合同。

3.4.3.2　国有土地使用权出让合同的主要条款

国有土地使用权出让合同一般应包括以下条款：

① 合同当事人。

② 合同标的。即土地的位置、面积、四至范围等。

③ 出让金的数额、支付方式和支付期限。

④ 出让期限。应注明出让期限的起止日期。

⑤ 土地使用条件。即对受让方的土地在类别、用途、覆盖率、地上物高度、配套设施等方面的具体要求。

⑥ 定金。依照规定，签订合同时必须由受让方向出让方缴纳相当于出让金总额 5%～20%的定金。

⑦ 违约责任。

出让方不按合同规定提供土地使用权时，受让方有权解除合同，索回定金并请求违约赔偿；受让方不按时缴纳出让金，出让方有权解除合同、没收定金并请求违约赔偿；受让方不按合同约定的期限和条件开发、利用土地或非法转让土地使用权的，出让方有权对其实施处罚直至收回土地使用权。

⑧ 土地使用权转让、出租、抵押的条件。

⑨ 合同争议的解决。

⑩ 合同有效文本、签约时间和地点、合同术语定义、合同附件等。

3.4.3.3 双方当事人的权利义务

(1) 出让方的主要权利义务

出让方享有的权利主要有：

① 合同解除权。受让方在签订土地使用权出让合同后，未在规定期限内支付全部土地使用权出让金的，出让方有权解除合同，并可请求违约赔偿。

② 无偿收回权。受让方未按土地使用权出让合同规定的期限和条件开发、利用土地的，土地管理部门有权予以纠正，并可根据情节轻重给予警告、罚款，直至无偿收回土地使用权的处罚。

出让方应履行的义务主要有：

① 出让土地使用权的义务。出让方按照土地使用权出让合同的规定出让土地的使用权。

② 向受让方提供有关资料和文件的义务。出让人应当向土地使用者提供有关资料和文件，包括：土地的位置和环境；土层的深度、地表下的管线设施、土地的物理结构；建筑容积率、密度、净空限制等各项规划要求。

③ 上缴土地使用权出让金的义务。土地使用权出让金应当全部上缴财政，列入预算，用于城市基础设施建设和土地开发。土地使用权出让金上缴和使用的具体办法由国务院规定。

④ 担保义务。土地使用权出让人在出让土地使用权时，应保证土地使用权人所取得的权利不被第三人追索。

(2) 受让方的主要权利义务

受让方享有的权利主要有：

① 开发经营权。受让方对所受让的土地享有开发、利用和经营的权利。

② 依法转让、出租和设置抵押权的权利。根据《城镇国有土地使用权出让和转让暂行条例》的规定，土地使用者有权把取得的土地按照法律规定的条件和程序进行转让、出租或者在其上设置抵押权。

③ 解除合同的权利。土地使用者按照出让合同约定支付土地使用权出让金的，市、县人民政府土地行政主管部门必须按照出让合同约定提供出让的土地；未按照出让合同约定提供出让的土地的，土地使用者有权解除合同。

④ 获得违约赔偿的权利。土地使用者按照出让合同约定支付土地使用权出让金，出让人未按照出让合同约定提供出让的土地的，土地使用者有权解除合同，由土地管理部门返还土地使用权出让金，并可以请求违约赔偿。

⑤ 获得相应补偿的权利。国家对土地使用者依法取得的土地使用权，在出让合同约定

的使用年限届满前不收回；在特殊情况下，根据社会公共利益的需要，可以依照法律程序提前收回，但应根据土地使用者使用土地的实际年限和开发土地的实际情况给予相应的补偿。

⑥ 申请土地使用权续期的权利。土地使用权出让合同约定的使用年限届满，土地使用者需要继续使用土地的，应当至迟于届满前一年申请续期，除根据社会公共利益需要收回该幅土地的，土地行政主管部门应当予以批准。

受让方应履行的义务主要有：

① 缴纳土地使用权出让金的义务。受让方在签订土地使用权出让合同后的规定期限内支付全部土地使用权出让金；在支付全部土地使用权出让金后，依规定办理登记手续，领取土地使用证。

② 依照土地使用权出让合同的约定和城市规划的要求使用土地的义务。受让方应依土地使用权出让合同的规定和城市规划的要求开发、利用、经营土地。

③ 改变土地用途的申报义务。受让方需要改变土地使用权出让合同规定的土地用途的，应该征得出让方同意并经土地管理部门和城市规划部门批准，依照规定重新签订土地使用权出让合同，调整土地使用权出让金并办理登记。

3.4.3.4 国有土地使用权出让合同的变更或解除

国有土地使用权出让合同一经签订，并经一定的法律手续，即具有法律效力，合同任何一方不得擅自变更和解除。根据《中华人民共和国城镇国有土地出让和转让暂行条例》规定，变更或解除合同的条件有以下几种情况：

① 出让方因社会公共利益的需要，可以依照法律程序提前收回土地使用权，解除原土地使用权出让合同，但需根据土地使用者使用土地的实际年限，开发、利用土地的实际情况给予相应的补偿。

② 土地使用者需要改变土地使用权出让合同规定的土地用途的，经出让方同意并经政府有关部门批准，可以解除原土地使用权出让合同，重新签订新的土地使用权出让合同。

③ 合同一方违约时，另一方有权解除合同。如受让方逾期未全部支付出让金的，出让方有权解除合同；出让方未依合同提供土地使用权的，受让方有权解除合同等。

④ 因不可抗力或情势变迁，致使合同无法履行的，当事人可以请求变更或解除土地使用权出让合同。

3.5 贷款融资合同管理

3.5.1 贷款合同管理

贷款是指贷款人对借款人提供货币资金并由借款人按约定的利率和期限还本付息的商业活动。在贷款合同法律关系中，借入资金的一方为借款人，出借资金的一方为贷款人。

（1）贷款合同主体要求

借款人的资格应依据有关法律规定进行审查，符合借款人的法定资质要求；根据有关规定，作为借款人的企业应当是经工商行政管理机关（或主管机关）核准登记的企（事）业法人、其他经济组织。

（2）贷款合同的主要条款

贷款合同的主要条款有贷款的用途、贷款金额、贷款期限、贷款利息、还款约定、提前还款及违约条款。

贷款人应当按照中国银行业监管机关规定的贷款利率的上下限，确定每笔贷款利率，并在贷款合同中载明。

贷款合同中对于提前还款一般都有一些限制，规定得较为详尽，主要是为了保证贷款人的投资能得到预期的收益。

贷款合同中的违约一般可分为两类：一类是违反贷款合同本身的约定，如到期不还本付息、不履行约定的义务或对事实的陈述与保证不正确等；另一类是所谓预期违约，即从某件事件的征兆看来，借款人不履行贷款合同项下的义务只是一个时间问题，终归要违约，比如借款人失去偿付能力。因此，贷款合同中的违约条款应就这两种情况作出规定。

（3）贷款合同的订立程序

贷款合同的订立程序为贷款申请、贷款调查和审批、起草及签订贷款合同。

建设工程借款合同范例

甲方（借款方）：_____   乙方（贷款方）：_____
法定代表人：_____   法定代表人：_____
职务：_____   职务：_____
地址：_____   地址：_____
联系方式：_____   联系方式：_____
开户银行：_____   开户银行：_____
账号：_____   账号：_____

根据国家法律规定，甲方为进行基本建设所需贷款，经乙方审查发放。为明确双方责任，特签订本合同，共同遵守。

第一条　借款用途：_____。

第二条　借款金额：甲方向乙方借款人民币（大写）_____元。预计用款为_____年_____元；_____年_____元；_____年_____元；_____年_____元；_____年_____元。

第三条　借款利率：自支用贷款之日起，按实际支用数计算利息，并计算复利。在合同规定的借款期内，年息为_____%。甲方如不按期归还贷款，逾期部分加收利率_____%。

第四条　借款期限：贷款方保证从____年____月起至____年____月止，偿还全部贷款，预定为_____年____元；____年____元；____年____元；____年____元；____年____元。

贷款逾期不还的部分，乙方有权限期追回贷款，或者商请借款单位的其他开户银行代为扣款清偿。

第五条　因国家调整计划、产品价格、税率以及修正概算等原因需要变更合同条款时，由双方签订变更合同的文件，作为本合同的组成部分。

第六条　贷款方保证按照本合同的规定供应资金。因乙方责任未按期提供贷款，应按违约数额和延期天数付给甲方违约金。违约金的计算与银行规定的加收甲方的罚息计算相同。

第七条　乙方有权检查、监督贷款的使用情况，了解甲方的经营管理、计划执行、财务活动、物资库存等情况。甲方应提供有关的统计、会计报表及资料。

甲方如不按合同规定使用贷款，乙方有权收回部分贷款，并对违约使用部分按照银行规定加收罚息。甲方提前还款的，应按规定减收利息。

第八条　本合同条款以外的其他事项，双方遵照《中华人民共和国合同法》的有关规定办理。

第九条　本合同经甲乙双方签章后生效，贷款本息全部清偿后失效。本合同一式五份，签章各方各执一份，报送主管部门、总行、分行各一份。

甲方（签章）：_____　　乙方（签章）：_____

代表人：_____　　　　代表人：_____

保证人（签章）：_____

签订日期：_____年_____月_____日

3.5.2　项目融资合同管理

项目融资是近年来发展起来的一种新型融资方式，它不同于传统的融资方式，不再是以一个公司自身的资信能力为主体安排的融资，而强调以项目本身的经济强度作为融资的主体。然而，由于项目融资涉及面广，结构复杂，需要做好有关风险分担、税收结构、资产抵押等一系列技术性的工作，筹资文件比一般公司融资往往要多出好几倍，需要几十个甚至上百个法律文件才能解决问题。因此，做好项目融资的合同管理工作是项目融资顺利进行的重要环节。

3.5.2.1　项目融资合同体系

通常而言，根据各参与方以及各方之间的关系，项目融资中主要存在以下十种类型的文件。

① 特许经营协议：需要融资的项目已经获得东道主政府许可，其建设与经营具有合法性的重要标志。

② 投资协议：项目发起人和项目公司之间签订的协议，主要规定项目发起人向项目公司提供一定金额的财务支持，使项目公司具备足够的清偿债务的能力。

③ 担保合同：包括完工担保协议、资金短缺协议和购买协议，是一系列具有履约担保性质的合同。

④ 贷款协议：是贷款人与项目公司之间就项目融资中贷款权利与义务关系达成一致而订立的协议，是项目融资过程中最重要的法律文件之一。

⑤ 租赁协议：在BOT（建设-经营-移交）或以融资租赁为基础的项目融资中承租人和出租人之间签订的租赁协议。

⑥ 收益转让协议（托管协议）：按照这种合同，通常会将项目产品长期销售合同中的硬货币收益权转让，或将项目的所有产品的收益权转让给一个受托人。这种合同的目的是使贷款人获得收益权的抵押利益，使贷款人对项目现金收益拥有法律上的优先权。

⑦ 先期购买协议：是项目公司与贷款人拥有股权的金融公司或者与贷款人直接签订的协议。按照这个协议，后者同意向项目公司预先支付其购买项目产品的款项，项目公司利用该款项进行项目的建设。这种协议包括了通常使用的"生产支付协议"。

⑧ 经营管理合同：有关项目经营管理事务的长期合同，有利于加强对项目的经营管理，增加项目成功的把握。

⑨ 供货协议：通常由项目发起人与项目设备、能源及原材料供应商签订。通过这类合同，在设备购买方面可以实现延期付款或者获取低息优惠的出口信贷，构成项目资金的重要

来源，在材料和能源方面可以获取长期低价供应，为项目投资者安排项目融资提供便利条件。

⑩ 提货或付款协议：包括"无论提货与否均需付款"协议和"提货与付款"协议。前一种合同规定，无论项目公司能否交货，项目产品或服务的购买人都必须承担支付约定数额货款的义务；后一种合同规定只有在特定条件下购买人才有付款的义务。其中，当产品是某种设施时，"无论提货与否均需付款"协议可以形成"设施使用协议"。

上述这些文件的签订和履行都围绕项目融资的实施进行，合同之间相互制约，但又互为补充，它们的各自规定，共同构成了项目融资的合同文件基础，形成了项目融资的合同文件体系。该体系在项目融资中的组成情况如图 3.1 所示。

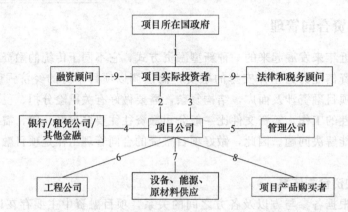

图 3.1　项目融资过程中参与方的主要合同协议

1—特许经营协议；2—授资协议；3—担保合同；4—贷款协议、租赁协议、收益转让协议、先期购买协议；
5—经营管理合同；6—建设合同；7—供货协议；8—提货或贷款协议；9—委托代理协议

3.5.2.2　项目融资中合同文件体系的管理

由于项目融资的参与方多为国际财团和各国政府，其资信水平较高，在合同履行过程中的风险相对其他活动要低，所以根据项目融资的实际操作，在项目融资过程中，项目融资合同文件体系管理的重点应该放在合同文件的准备、谈判和签订过程中。

（1）项目融资中合同文件体系管理的目的

① 建立一个合理有效的项目融资结构　项目融资结构的建立包括了投资结构、资金结构、信用保证结构以及融资结构本身的建立，所有这些结构的确定最终都要反映到合同中。合同规定了参与方的职责、义务和权利，为项目融资和项目本身的具体操作提供了法律依据。只有重视项目融资中的合同文件，才能保证建立一个合理有效的项目融资结构。

② 促进项目融资和项目本身的顺利实施　项目执行过程中将会面临众多的风险，主要包括信用风险、完工风险、生产风险、市场风险、金融风险、政治风险和环境保护风险等。由于这些风险在项目融资结构确定时进行了明确的分担，使参与方各自风险分担控制在他们能够承受的范围内，减少了实施过程中的阻力。另外，利用合同管理可以确定一个具有丰富经验的管理团队，促进项目成功实施。

③ 实现项目融资方式的创新　通过对项目融资合同文件体系的创新，可以在一定程度上实现融资方式的创新。重视研究融资合同文件，重视合同文件之间的互补关系，将有助于设计出新的融资结构，实现项目融资方式的创新。

（2）项目融资中合同体系管理的内容

从项目发起人的角度来看，其对项目融资合同文件体系的管理内容主要包括以下几个方面。

① 选择优秀的融资顾问　项目融资顾问是项目融资的设计者和组织者，在项目融资过程中扮演着一个极其重要的角色，在某种程度上可以说是决定项目融资能否成功的关键。融资顾问在项目融资过程中负责项目融资合同管理的具体实施，选择优秀的融资顾问是进行科学合同管理的前提。

② 研究工程所在国法律体系　当融资项目位于第三国时，融资各方有必要深入了解该国的法律，明确该国法律体系与本国法律体系以及国际通用法律是否一致。投资者应该特别重视知识产权、环境保护等方面的相关规定，贷款银行应当考虑担保履行以及实施接管权利等有关的法律保护结构的有效性等问题。

③ 做好主合同文件的设计　主合同文件是项目融资的核心。比如在 BOT 项目中，政府特许协议构成了融资的主合同，其内容通常包括了一个 BOT 项目从建设、运营到移交等各个环节及各个阶段中项目双方相互之间的主要权利义务关系。其他所有贷款、工程承包、运营管理、保险、担保等各种合同均是以此协议为依据，为实现其内容而服务的。因此，项目融资主合同的管理就构成了项目融资合同文件体系管理的核心工作，在进行融资合同文件体系管理的时候，应当加强主合同文件的管理。

④ 全面完善项目融资从合同文件体系　在确立项目主合同的基础上，全面构建完善的项目融资从合同文件体系，才能促使项目融资顺利完成。项目融资从合同的管理主要包括项目融资担保合同文件体系与风险分担和设计合理的管理结构。

⑤ 项目融资实施过程中合同文件体系的管理　在项目融资实施过程中，要重视已经签署的合同文件。严格按照相应的合同规定，控制项目的现金流量，实现融资参与各方的既定目标。当出现各类违约行为或者风险时，要按照合同文件体系的规定，及时有效地进行处理，确保项目融资的实施。

⑥ 项目融资合同争端的解决　以主合同的利益维护为主，充分利用从合同文件，对出现的争端事件，按照各有关规定做好相应处理。

⑦ 项目融资合同实施后的评价　合同实施后评价应当包括：合同设计情况评价、合同签订情况评价、合同执行情况评价、合同管理工作状况评价、合同条款分析等。项目融资合同实施后评价的主要目的是总结合同管理工作中的经验，为以后相关合同管理提供依据和参考。

在项目投资决策阶段的主要工作是对项目进行市场分析和技术经济分析，此时项目发起人主要为形成融资阶段的合同文件作相关的准备工作，尤其是当融资项目位于第三国时，有必要深入了解该国的现行法律体系；在明确了采用项目融资的筹资方式后，当务之急就是选择优秀的融资顾问，他们应该是一系列融资合同文件的起草者；最关键的步骤是确立融资中的主从合同文件的形式和有关条款，合同文件的谈判、签署和执行涉及项目公司、银行、融资顾问等一些重要的参与方，在此期间发生的问题很可能需要返回到上一层次进行调整。通过对合同文件体系进行系统的管理就可以有效地促进项目的顺利实施。

思　考　题

1. 建设工程投资决策阶段合同参与主体有哪些？主体资格的法律规定有哪些？
2. 建设工程投资决策阶段合同的主要形式有哪些？

3. 建设工程决策咨询服务的主要内容是什么？

4. 集体土地征收补偿范围和标准的主要法律规定有哪些？

5. 国有土地上房屋征收补偿协议的主体、客体、内容分别是什么？

6. 国有土地使用权出让合同当事人权利和义务有哪些？

7. 贷款融资合同的常见种类有哪些？这类合同管理的重点是什么？

第 **4** 章

建设工程招标与投标管理

主要内容： 建设工程招标与投标法律制度简介；建设工程招标范围规定，法定招标方式；建设工程施工招标条件、程序与投标工作；工程建设过程的招标与投标管理。

教学要求： 了解投标的一般规定；熟悉招标与投标的基本原则、范围和规模的法律规定以及投标报价、策略的运用；掌握建设工程招标分类、方式，以及招标与投标的一般程序。

4.1 招标与投标法律制度概述

4.1.1 招标投标概念

招标投标是市场经济条件下进行大宗货物的买卖、工程建设项目的发包与承包，以及服务项目的采购与提供时，所采用的一种交易方式。它的特点是，单一的买方设定包括功能、质量、期限、价格为主的标的，约请若干卖方通过投标进行竞争，买方从中选择优胜者并与其达成交易协议，随后按合同实现标的。

招标投标是在市场经济条件下，大宗货物的买卖、工程建设项目的发包与承包，以及服务项目的采购与提供过程中引入的一种竞争机制，因此，竞争性是招标投标这一交易方式存在的基础和前提。

我国于 1999 年 8 月 30 日第九届人大常委会第十一次会议上通过了《中华人民共和国招标投标法》（以下简称《招标投标法》），这标志着我国将招标投标确立为一项法律制度，招标投标活动进入了法制轨道，真正做到了有法可依。我国确立和推行招标投标法律制度的作用主要体现在以下四个方面。

（1）通过招标投标提高经济效益和社会效益

招标投标是市场竞争的一种重要方式，最大优点就是能够充分体现"公开、公平、公正"的市场竞争原则，通过招标采购，让众多投标人进行公平竞争，以最低或较低的价格获得最优的货物、工程或服务，从而达到提高经济效益和社会效益、提高招标项目的质量、提高国有资金使用效率、推动投融资管理体制和各行业管理体制的改革的目的。

（2）通过招标投标提升企业竞争力

通过招标投标促进企业转变经营机制，提高企业的创新活力，积极引进先进技术和管理，提高企业生产、服务的质量和效率，不断提升企业市场信誉和竞争力。

（3）通过招标投标健全市场经济体系

通过建立招标投标法律制度，可以维护和规范市场竞争秩序，保护当事人的合法权益，提高市场交易的公平、满意和可信度，促进社会和企业的法治、信用建设，促进政府转变职能，提高行政效率，建立健全现代市场经济体系。

（4）通过招标投标打击贪污腐败

在交易中引入招标投标，建立公开、透明、有效的竞争机制，有利于保护国家和社会公共利益，保障合理、有效使用国有资金和其他公共资金，防止其浪费和流失，构建从源头预防腐败交易的社会监督制约体系。

4.1.2 招标投标基本原则

《招标投标法》第五条规定，招标投标活动应当遵循公开、公平、公正和诚实信用的原则。这些原则是贯穿招标投标活动始终的基本准则。

（1）公开原则

公开原则，即要求招标投标活动必须保证充分的透明度，招标投标程序、投标人的资格条件、评标标准和方法、评标和中标结果等信息要公开，保证每个投标人能够获得相同信息，公平参与投标竞争并依法维护自身的合法权益。同时招标投标活动的公开透明，也为当事人、行政和社会监督提供了条件。公开是公平、公正的基础和前提。

（2）公平原则

公平原则，即要求招标人在招标投标各程序环节中一视同仁地给予潜在投标人或者投标人平等竞争的机会，并使其享有同等的权利和义务。根据《招标投标法》规定，招标人不得在资格预审文件和招标文件中含有倾向性内容或者以不合理的条件限制和排斥潜在投标人；不得对潜在投标人或者投标人采取不同的资格审查或者评标标准，依法必须进行招标的项目不得以特定行政区域或者特定行业的业绩、奖项作为评标加分条件或者中标条件等。

（3）公正原则

公正原则，即要求招标人必须依法设定科学、合理和统一的程序、方法和标准，并严格据此接受和客观评审投标文件，真正择优确定中标人，不倾向、不歧视、不排斥，保证各投标人的合法平等权益。为此，招标投标法及其配套规定对招标、投标、开标、评标、中标、签订合同等作了相关规定，以保证招标投标的程序、方法、标准、权益及其实体结果的公正。

（4）诚实信用原则

诚实信用原则，即要求招标投标各方当事人在招标投标活动和履行合同中应当以守法、诚实、守信、善意的意识和态度行使权利和履行义务，不得故意隐瞒真相或者弄虚作假，不得串标、围标和恶意竞争，不能言而无信甚至背信弃义，在追求自己合法利益的同时不得损害他人的合法利益和社会利益，依法维护双方利益以及与社会利益的平衡。诚实信用是市场经济的基石和民事活动的基本原则。

4.1.3 建设工程招标范围和规模的法律规定

（1）建设工程必须招标的范围

《招标投标法》规定，在中华人民共和国境内进行下列工程建设项目包括项目的勘察、设计、施工、监理以及与工程建设有关的重要设备、材料等的采购，必须进行招标：

① 大型基础设施、公用事业等关系社会公共利益、公众安全的项目；

② 全部或者部分使用国有资金投资或者国家融资的项目；

③ 使用国际组织或者外国政府贷款、援助资金的项目。

依据《招标投标法》的基本原则，经国务院批准的《工程建设项目招标范围和规模标准规定》进一步规定，关系社会公共利益、公众安全的基础设施项目的范围包括：

① 煤炭、石油、天然气、电力、新能源等能源项目；

② 铁路、公路、管道、水运、航空以及其他交通运输业等交通运输项目；

③ 邮政、电信枢纽、通信、信息网络等邮电通信项目；

④ 防洪、灌溉、排涝、引（供）水、滩涂治理、水土保持、水利枢纽等水利项目；

⑤ 道路、桥梁、地铁和轻轨交通、污水排放及处理、垃圾处理、地下管道、公共停车场等城市设施项目；

⑥ 生态环境保护项目；

⑦ 其他基础设施项目。

关系社会公共利益，公众安全的公共事业项目的范围包括：

① 供水、供电、供气、供热等市政工程项目；

② 科技、教育、文化等项目；

③ 体育、旅游等项目；

④ 卫生、社会福利等项目；

⑤ 商品住宅，包括经济适用住房；

⑥ 其他公用事业项目。

使用国有资金投资的项目的范围包括：

① 使用各级财政预算资金的项目；

② 使用纳入财政管理的各种政府性专项建设基金的项目；

③ 使用国有企业事业单位自有资金，并且国有资产投资者实际拥有控制权的项目。

国家融资项目的范围包括：

① 使用国家发行债券所筹资金的项目；

② 使用国家对外借款或者担保所筹资金的项目；

③ 使用国家政策性贷款的项目；

④ 国家授权投资主体融资的项目；

⑤ 国家特许的融资项目。

使用国际组织或者外国政府资金的项目的范围包括：

① 使用世界银行、亚洲开发银行等国际组织贷款资金的项目；

② 使用外国政府及其机构贷款资金的项目；

③ 使用国际组织或者外国政府援助资金的项目。

（2）建设工程必须招标的规模标准

按照《工程建设项目招标范围和规模标准规定》，各类工程建设项目，包括项目的勘察、设计、施工、监理以及与工程建设有关的重要设备、材料等的采购，达到下列标准之一者，必须进行招标：

① 施工单项合同估算价在 200 万元人民币以上的；

② 重要设备、材料等货物的采购，单项合同估算价在 100 万元人民币以上的；

③ 勘察、设计、监理等服务的采购，单项合同估算价在 50 万元人民币以上的；

④ 单项合同估算价低于上述三项规定的标准，但项目总投资在 3000 万元人民币以上的。

《招标投标法》规定，任何单位和个人不得将必须进行招标的项目化整为零或者以其他任何方式规避招标。如果发生此类情况，有权责令改正，可以暂停项目执行或者暂停资金拨付，并对单位负责人或其他直接责任人依法给予行政处分或纪律处分。

（3）可以不进行招标的范围

按照规定，属于下列情形之一的，可以不进行招标，而采用直接委托的方式发包建设任务：

① 涉及国家安全、国家秘密的或抢险救灾而不适宜招标的；

② 利用扶贫资金实行以工代赈、需要使用农民工等特殊情况的；

③ 建筑造型有特殊要求的设计；

④ 采用特定专利技术、专有技术进行勘探、设计或施工的；

⑤ 停建或者缓建后恢复建设的单位工程，且承包人未发生变更的；

⑥ 施工企业自建自用的工程，且该施工企业资质等级符合工程要求的；

⑦ 在建工程追加的附属小型工程或者主体加层工程，且承包人未发生变更的；

⑧ 法律、法规、规章规定的其他情形。

4.1.4 招标方式及特点

为了规范招标投标活动，保护国家利益和社会公共利益以及招标投标活动当事人的合法权益，《招标投标法》规定招标方式分为公开招标和邀请招标。

（1）公开招标

公开招标，是指招标人以招标公告的方式邀请不特定的法人或者其他组织投标。

《工程建设项目施工招标投标办法》规定，依法应当公开招标的建设工程项目有：

① 国务院发展计划部门确定的国家重点建设项目；

② 省、自治区、直辖市人民政府确定的地方重点建设项目；

③ 全部使用国有资金投资或者国有资金投资占控股或者主导地位的工程建设项目。

公开招标的优点是，招标人可以在较广的范围内选择中标人，投标竞争激烈，有利于将工程项目的建设交予可靠的中标人实施并取得有竞争性的报价。但其缺点是，由于申请投标人较多，一般要设置资格预审程序，而且评标的工作量也较大，所需招标时间长、费用高。

（2）邀请招标

邀请招标，是指招标人以投标邀请书的方式邀请特定的法人或者其他组织投标。邀请对象的数目以 5～7 家为宜，但应不少于 3 家。被邀请人同意参加投标后，从招标人处获取招标文件，按规定要求进行投标报价。

《工程建设项目施工招标投标办法》规定，对于应当公开招标的建设工程招标项目，有下列情形之一的，经批准可以进行邀请招标：

① 项目技术复杂或有特殊要求，只有少量几家潜在投标人可供选择的；

② 受自然地域环境限制的；

③ 涉及国家安全、国家秘密或者抢险救灾，适宜招标但不适宜公开招标的；

④ 拟公开招标的费用与项目的价值相比，不值得的；

⑤ 法律、法规规定不宜公开招标的。

邀请招标的优点是不需要发布招标公告和设置资格预审程序，节约招标费用和节省时间；由于对投标人以往的业绩和履约能力比较了解，减少了合同履行过程中承包方违约的风险。为了体现公平竞争和便于招标人选择综合能力最强的投标人中标，仍要求在投标书内报送表明投标人资质能力的有关证明材料，作为评标时的评审内容之一（通常称为资格后审）。邀请招标的缺点是，由于邀请范围较小选择面窄，可能排斥了某些在技术或报价上有竞争实力的潜在投标人，因此投标竞争不够充分。

4.1.5　我国招标与投标活动管理体制

4.1.5.1　招标备案

工程项目的建设应当按照建设管理程序进行。为了保证工程项目的建设符合国家或地方总体发展规划，以及能使招标后工作顺利进行，不同标的的招标均需满足相应的条件。

（1）前期准备应满足的要求

① 建设工程已批准立项；

② 向建设行政主管部门履行了报建手续，并取得批准；

③ 建设资金能满足建设工程的要求，符合规定的资金到位率；

④ 建设用地已依法取得，并领取了建设工程规划许可证；

⑤ 技术资料能满足招标投标的要求；

⑥ 法律、法规、规章规定的其他条件。

（2）对招标人的招标能力要求

为了保证招标行为的规范化，科学地评标，达到招标选择承包人的预期目的，招标人应满足以下的要求：

① 有与招标工作相适应的经济、法律咨询和技术管理人员；

② 有组织编制招标文件的能力；

③ 有审查投标单位资质的能力；

④ 有组织开标、评标、定标的能力。

利用招标方式选择承包单位属于招标单位自主的市场行为，因此《招标投标法》规定，招标人具有编制招标文件和组织评标能力的，可以自行办理招标事宜，向有关行政监督部门进行备案即可。如果招标单位不具备上述要求，则需委托具有相应资质的中介机构代理招标。

（3）招标代理机构的资质条件

招标代理机构是依法成立的组织，与行政机关和其他国家机关没有隶属关系。为了保证完满地完成代理业务，必须经过建设行政主管部门的资质认定。招标代理机构应具备的基本条件包括：

① 有从事招标代理业务的营业场所和相应资金；

② 有能够编制招标文件和组织评标的相应专业能力；

③ 有可以作为评标委员会成员人选的技术、经济等方面的专家库。

对专家库的要求包括：专家人选、专家范围和人员数量。专家人选是从事相关领域工作满8年并具有高级职称或具有同等专业水平的技术、经济等方面人员。专家的范围要求专家的专业特长应能涵盖本行业或专业招标所需的各个方面。专家人员的数量应能满足建立库的要求。

委托代理机构招标是招标人的自主行为，任何单位和个人不得强制委托代理或指定招标代理机构。招标人委托的代理机构应尊重招标人的要求，在委托范围内办理招标事宜，并遵守《招标投标法》对招标人的有关规定。

依法必须招标的建筑工程项目，无论是招标人自行组织招标还是委托代理招标，均应当按照法律规定，在发布招标公告或者发出招标邀请书前，持有关材料到县城以上地方人民政府建设行政主管部门备案。

4.1.5.2 对招标有关文件的核查备案

招标人有权依据工程项目特点编写与招标有关的各类文件，但内容不得违反法律规范的相关规定。建设行政主管部门核查的内容主要包括以下几个方面。

（1）对投标人资格审查文件的核查

① 不得以不合理条件限制或排斥潜在投标人。为了使招标人能在较广范围内优选最佳投标人，以及维护投标人进行平等竞争的合法权益，不允许在资格审查文件中以任何方式限制或排斥本地区、本系统以外的法人或组织参与投标。

② 不得对潜在投标人实行歧视待遇。为了维护招标投标的公平、公正原则，不允许在资格审查标准中针对外地区或外系统投标人设立压低分数的条件。

③ 不得强制投标人组成联合体投标。以何种方式参与投标竞争是投标人的自主行为，他可以选择单独投标，也可以作为联合体成员与其他人共同投标，但不允许既参加联合体又单独投标。

（2）对招标文件的核查

① 招标文件的组成是否包括招标项目的所有实质性要求和条件，以及拟签订合同的主要条款。这些内容能使投标人明确承包工作范围和责任，并能够合理预见风险编制投标文件。

② 招标项目需要划分标段时，承包工作范围的合同界限是否合理。承包工作范围可以是包括勘察设计、施工、供货的一揽子交钥匙工程承包，也可以按工作性质划分成勘察、设计、施工、物资供应、设备制造、监理等的分项工程内容承包。施工招标的独立合同包工作范围应是整个工程、单位工程或特殊专业工程的施工内容，不允许肢解工程招标。

③ 招标文件是否有限制公平竞争的条件。在文件中不得要求或标明特定的生产供应者以及含有倾向或排斥潜在投标人的其他内容。主要核查是否针对外地区或外系统设立不公正评标条件。

4.1.5.3 对投标活动的监督

全部使用国有资金投资或国有资金投资占控股或者主导地位，依法必须进行施工招标的工程项目，应当进入有形建筑市场进行招标投标活动。各地建设行政主管部门认可的建设工程交易中心，既为招标投标活动提供场所，又可以使行政主管部门对招标投标活动进行有效的监督。

4.1.5.4 查处招标投标活动中的违法行为

《招标投标法》明确提出，国务院规定的有关行政监督部门有权依法对招标投标活动中的违法行为进行查处。视情节和对招标的影响程度，承担后果责任的形式可以为：判定招标无效，责令改正后重新招标；对单位负责人或其他直接责任者给予行政或纪律处分；没收违法所得，并处以罚金；构成犯罪的，依法追究刑事责任。

4.2 建设工程招标与投标程序

招标是招标人选择中标人并与其签订合同的过程，而投标则是投标人力争获得实施合同的竞争过程，招标人和投标人均需遵循招标投标法律和法规的规定进行招标投标活动。

4.2.1 建设工程招标与投标阶段划分

建设工程招标的基本程序包括：选择招标方式、办理招标备案、编制招标文件、发布招标公告、资格预审、出售招标文件、现场考察、解答投标人的质疑、开标、评标、中标和签订合同等。

按照招标人和投标人的参与程度，可将招标过程粗略划分成招标准备阶段、招标与投标阶段以及开标和定标阶段。

4.2.2 招标准备阶段主要工作

招标准备阶段的工作由招标人单独完成，投标人不参与。主要工作包括以下几个方面。

（1）选择招标方式

① 根据工程特点和招标人的管理能力确定发包范围。

② 依据工程建设总进度计划确定项目建设过程中的招标次数和每次招标的工作内容。如监理招标、设计招标、施工招标、设备供应招标等。

③ 按照每次招标前准备工作的完成情况，选择合同的计价方式。如施工招标时，已完成施工图设计的中小型工程，可采用总价合同；若为初步设计完成后的大型复杂工程，则采用估计工程量单价合同。

④ 依据工程项目的特点、招标前准备工作的完成情况、合同类型等因素的影响程度，最终确定招标方式。

（2）办理招标备案

招标人向建设行政主管部门办理申请招标手续。招标备案文件应说明：招标工作范围；招标方式；计划工期；对投标人的资质要求；招标项目的前期准备工作的完成情况；自行招标还是委托代理招标等内容。获得认可后招标人可以开展招标工作。

（3）编制招标有关文件

招标准备阶段应编制好招标过程中可能涉及的有关文件，保证招标活动的正常进行。这些文件包括招标广告、资格预审文件、招标文件、合同协议书以及评标方法等。

4.2.3 招标与投标阶段主要工作

公开招标时，从发布招标公告开始，若为邀请招标，则从发出投标邀请函开始，到投标截止日期为止的期间称为招标投标阶段。在此阶段，招标人应做好招标的组织工作，投标人则按招标有关文件的规定程序和具体要求进行投标报价。

（1）发布招标公告

依法必须进行招标的项目的招标公告，应当通过国家指定的报刊、信息网络或者其他媒介发布。招标公告的作用的是让潜在投标人获得招标信息，以便进行项目筛选，确定是否参与竞争。招标公告或投标邀请函的具体格式可由招标人自定，内容一般包括：招标单位名称；建设项目资金来源；工程项目概况和本次招标工作范围的简要介绍；购买资格预审文件的地点、时间和价格等有关事项。

(2) 资格预审

① 资格预审的目的　对潜在投标人进行资格审查，主要考察该企业总体能力是否具备完成招标工作所要求的条件。公开招标时设置资格预审程序，一是保证参与投标的法人或组织在资质和能力等方面能够满足完成招标工作的要求；二是通过评审优选出综合实力较强的一批申请投标人，再请他们参加投标竞争，以减小评标的工作量。

② 资格预审的程序　资格预审程序见表4.1。

表 4.1　资格预审程序

序号	程　序	内　容
1	招标人依据项目的特点编写资格预审文件	资格预审文件分为资格预审须知和资格预审表两大部分。资格预审须知内容包括招标工程概况和工程范围介绍，对投标人的基本要求和指导投标人填写资格预审文件的有关说明。资格预审表列出对潜在投标资质条件、实施能力、技术水平、商业信誉等方面需要了解的内容，以应答形式给出的调查文件。资格预审表开列的内容要完整、全面，能反映潜在投标人的综合素质，因为资格预审中评定过的条件在评标时一般不再重复评定，应避免不具备条件的投标人承担项目的建设任务
2	资格预审表是以应答方式给出的调查文件	所有申请参加投标竞争的潜在投标人都可以购买资格预审文件，由其按要求填报后作为投标人的资格预审文件
3	招标人依据工程项目特点和发包工程性质划分评审内容	评审的内容划分可为几大方面，如资质条件、人员能力、设备和技术能力、财务状况、工程经验、企业信誉等，并分别给予不同权重。对其中的各方面再细化评定内容和分项评分标准。通过对各评标人的评定和打分，确定各投标人的综合素质得分
4	资格预审合格的条件	首先投标人必须满足资格预审文件规定的必要合格条件和附加合格条件，其次评分必须在预先确定的最低分数线以上。目前采用的合格标准有两种方式：一种是限制合格者数量，以便减小评标的工作量，招标人按得分高低次序向预定数量的投标人发出邀请投标函并请他予以确认，如果某一家放弃投标则由下一家递补维持预定数量；另一种是不限制合格者的数量，凡满足80％以上分的潜在投标人均视为合格，保证投标的公平性和竞争性。后一种原则的缺点是如果合格者数量较多时，增加评标的工作量。不论采用哪种方法，招标人都不得向他人透露有权参与竞争的潜在投标人的名称、人数以及与招标投标有关的其他情况

③ 投标人必须满足的基本资格条件　资格预审须知中明确列出投标人必须满足的最基本条件，可分为必要合格条件和附加合格条件两类。

必要合格条件通常包括法人地位、资质等级、财务状况、企业信誉、分包计划等具体要求，是潜在投标人应满足的最低标准。

附加合格条件视招标项目是否对潜在投标人有特殊要求决定有无。普通工程项目一般承包人均可完成，可不设置附加合格条件。对于大型复杂项目尤其是需要有专门技术、设备或经验的投标人才能完成时，则应设置此类条件。附加合格条件是为了保证承包工作能够保质、保量、按期完成，按照项目特点设定而不是针对外地区或外系统投标人，因此不违背《招标投标法》的有关规定。招标人可以针对工程所需的特别措施或工艺的专长，专业工程施工资质，环境保护方针和保证体系，同类工程施工经历，项目经理资质要求，安全文明施工要求等方面设立附加合格条件。对于同类工程施工经历，一般以潜在投标人是否完成过与招标工程同类型和同容量工程作为衡量标准。标准不应定得过高，否则会使合格投标人过少影响竞争；也不应定得过低，可能让实际不具备能力的投标人获得合同而导致不能按预期目的完成，只要实施能力、工程经验与招标项目相符即可。

（3）招标文件

招标人根据招标项目特点和需要编制招标文件，它是投标人编制投标文件和报价的依据，因此应当包括招标项目的所有实质性要求和条件。招标文件通常分为投标须知、合同条件、技术规范、图纸和技术资料、工程量清单几大部分内容。

招标人对已发出的招标文件进行必要的澄清或者修改的，应当在招标文件要求提交投标文件截止时间至少 15 日前，以书面形式通知所有招标文件收受人。该澄清或者修改的内容为招标文件的组成部分。

自招标文件开始发出之日起至投标人提交投标文件截止之日止，最短不得少于 20 日。

关于资格预审和招标文件两个环节的工作，值得强调的是，招标人应当按照资格预审公告、招标公告或者投标邀请书规定的时间、地点发售资格预审文件或者招标文件。资格预审文件或者招标文件的发售期不得少于 5 日。

（4）现场考察

招标人在投标须知规定的时间组织投标人自费进行现场考察。设置此程序的目的，一方面让投标人了解工程项目的现场情况、自然条件、施工条件以及周围环境条件，以便于编制投标书；另一方面也是要求投标人通过自己的实地考察确定投标的原则和策略，避免合同履行过程中投标人以不了解现场情况为理由推卸应承担的合同责任。

（5）解答投标人的质疑

投标人研究招标文件和现场考察后，对招标文件有异议的，应当在投标截止时间 10 日前提出。招标人应当自收到异议之日起 3 日内作出书面答复；作出答复前，应当暂停招标投标活动。招标人对任何一位投标人所提问题的回答，必须发送给每一位投标人，保证招标的公平和公正，但不必说明问题的来源。回答函件作为招标文件的组成部分，如果书面解答的问题与招标文件中的规定不一致，以函件的解答为准。

4.2.4　开标和定标阶段主要工作

从开标日到签订合同这一期间是对各投标书进行评审比较，最终确定中标人的过程。

4.2.4.1　开标

公开招标和邀请招标均应举行开标会议，体现招标的公平、公正和公开原则。在投标须知规定的时间和地点由招标人主持开标会议，所有投标人均应参加，并邀请项目建设有关部门代表出席。开标时，由投标人或其推选的代表检验投标文件的密封情况。确认无误后，工作人员当众拆封，宣读投标人名称、投标价格和投标文件的其他主要内容。所有在投标致函中提出的附加条件、补充声明、优惠条件、替代方案等均应宣读，如果有标底也应公布。开标过程应当记录，并存档备查。开标后，任何投标人都不允许更改投标书的内容和报价，也不允许再增加优惠条件。投标书经启封后不得再更改招标文件中说明的评标、定标办法。

在开标时，如果发现投标文件出现下列情形之一，应当作为无效投标文件，不再进入评标：

① 投标文件未按照招标文件的要求予以密封；

② 投标文件中的投标函未加盖投标人的企业及企业法人代表人印章，或者企业法定代表人委托代理没有合法、有效的委托书（原件）及委托代理人印章；

③ 投标文件的关键内容字迹模糊、无法辨认；

④ 投标人未按照招标文件的要求提供投标保证金或者投标保函；

⑤ 组成联合体投标的，投标文件未附联合体各方共同投标协议。

4.2.4.2 评标

评标是对各投标书优劣的比较，以便最终确定中标人，由评标委员会负责评标工作。

（1）评标委员会

评标委员会由招标人的代表和有关技术、经济等方面的专家组成，成员人数为五人以上单数，其中招标人以外的专家不少于成员总数的三分之二。专家人选应从国务院有关部门或省、自治区、直辖市政府有关部门提供的专家名册中以随机抽取方式确定。与投标人有利害关系的不得进入评标委员会，已经进入的应当更换，保证评标的公平和公正。

（2）评标程序

大型工程项目的评标通常分成初评和详评两个阶段。

① 初评　评标委员会以招标文件为依据，审查各投标文件是否为响应性投标，确定投标文件的有效性。检查内容包括：投标人的资格、投标保证有效性、报送资料的完整性、投标文件与招标文件的要求有无实质性背离、报价计算的正确性等。

投标文件对招标文件实质性要求和条件响应的偏差分为重大偏差和细微偏差两类。

未作实质性响应的重大偏差见表4.2。

表 4.2　未作实质性响应的重大偏差

序号	偏 差 内 容
1	没有按照招标文件要求提供投标担保或者所提供的投标担保有瑕疵
2	没有按照招标文件要求由投标人授权代表签字并加盖公章
3	投标文件记载的招标项目完成期限超过招标文件规定的完成期限
4	明显不符合技术规格、技术标准的要求
5	投标文件载明的货物包装方式、检验标准和方法等不符合招标文件的要求
6	投标附有招标人不能接受的条件
7	不符合招标文件中规定的其他实质性要求

所有存在重大偏差的投标文件都属于初评阶段应该淘汰的投标文件。

存在细微偏差的投标文件，指投标文件基本上符合招标文件要求，但在个别地方存在漏项或者提供了不完整的技术信息和数据等情况，并且补正这些遗漏或者不完整不会对其他投标人造成不公平的结果。对招标文件的响应存在细微偏差的投标文件仍属于有效投标文件。属于存在细微偏差的投标文件，可以书面要求投标人在评标结束前予以澄清、说明或者补正，但不得超出投标文件的范围或者改变投标文件的实质性内容。

商务标中出现以下情况，由评标委员会对投标文件中的错误加以修正后请该投标文件的投标授权人予以签字确认，作为详评比较的依据。如果拒绝签字，则按投标人违约对待，不仅投标无效，而且没收其投标保证金。修正错误的原则是投标文件中的大写金额和小写金额不一致，以大写金额为准；总价金额与单价金额不一致的，以单价金额为准，但单价金额小数点有明显错误的除外。

② 详评　详评是指评标委员会对各投标文件实施方案和计划进行实质性评价和比较。详评通常分为两个步骤进行。首先对各投标文件进行技术和商务方面的审查，评定其合理性，以及若将合同授予该投标人，在合同履行过程中可能给招标人带来的风险。评标委员会认为必要时可以单独约请投标人对投标文件中含义不明确的内容作必要的澄清或说明，但澄清或说明不得超出投标文件的范围或改变投标文件的实质性内容。澄清内容整理成书面文字，作为投标文件的组成部分。在对投标文件审查的基础上，评标委员会依据评标规则量化

比较各投标书的优劣，并编写评标报告。

由于工程项目的规模不同，各类招标的标的不同，评审方法可以分为定性评审和定量评审两大类。对于标的额较小的中小型工程评标可以采用定性比较的专家评议法，评标委员会对各标书共同分项进行认真比较后，以协商和投票的方式确定候选中标人。这种方法评标过程简单，在较短时间内即可完成，但科学性较差。大型工程应采用"综合评分法"或"评标价法"对各投标文件进行科学的量化比较。综合评分法是指将评审内容分类分别赋予不同权重，评标委员会依据评分标准对各类内容细分的小项进行相应的打分，最后计算的累计分值反映投标人的综合水平，以得分最高的投标文件为最优。评标价法是指评审过程中以该标书的报价为基础，将报价之外需要评定的要素按预先规定的折算方法换算为货币价值，根据对招标人有利或不利的原则在投标报价上增加或扣减一定金额，最终构成评标价格。因此"评标价"既不是投标价也不是中标价，只是用价格指标作为评审标书优劣的衡量方法，评标价最低的投标文件为最优。定标签订合同时，仍以报价作为中标的合同价。

（3）评标报告

评标报告是评标委员会经过对各投标文件评审后向招标人提出的结论性报告，作为定标的主要依据。评标报告应包括评标情况说明；对各个合格投标文件的评价；推荐合格的中标候选人等内容。如果评标委员会经过评审，认为所有投标都不符合招标文件的要求，可以否决所有投标。出现这种情况后，招标人应认真分析招标文件的有关要求以及招标过程，对招标工作范围或招标文件的有关内容作出实质性修改后重新进行招标。

4.2.4.3 定标

（1）定标程序

确定中标人前，招标人不得与投标人就投标价格、投标方案等实质性内容进行谈判。招标人应该根据评标委员会提供的评标报告和推荐的中标候选人确定中标人，也可以授权评标委员会直接确定中标人。中标人确定后，招标人向中标人发出中标通知书，同时将中标结果通知所有未中标的投标人并退还他们的投标保证金或保函。中标通知书对招标人和中标人具有法律效力，招标人改变中标结果或中标人拒绝签订合同均要承担相应的法律责任。

中标通知书发出后的 30 天内，双方应按照招标文件和中标人的投标文件订立书面合同。招标人不得向中标人提出任何不合理要求作为订立合同的条件，双方也不得私下订立违背合同实质性内容的协议。

招标人确定中标人后 15 天内，应向有关行政主管部门提交招标投标情况的书面报告。

（2）定标原则

《招标投标法》规定，中标人的投标应当符合下列条件之一：

① 能够最大限度地满足招标文件中规定的各项综合评价标准；

② 能够满足招标文件各项要求，并经评审的价格最低，但投标价格低于成本的除外。

所谓综合评价，就是按照价格标准和非价格标准对投标文件进行总体评估和比较。采用这种综合评标法时，一般将价格以外的有关因素折成货币或给予相应的加权计算，以确定最低评标价（也称估值最低的投标）或最佳的投标。被评为最低评标价或最佳的投标，即可认定为该投标获得最佳综合评价。所以，投标价格最低的不一定中标。

所谓最低投标价格中标，就是投标报价最低的中标，但前提条件是该投标符合招标文件的实质性要求。如果投标不符合招标文件的要求而被招标人所拒绝，则投标价格再低，也不在考虑之列。在采取这种方法选择中标人时，必须注意的是，投标价不得低于成本。这里所指的成本，应该理解为招标人自己的个别成本，而不是社会平均成本。由于招标人技术和管理等方面的原因，其个别成本有可能低于社会平均成本。投标人以低于社会平均成本但不低于其个别成本的价格投标，是应该受到保护和鼓励的。如果招标人的价格低于自己的个别成本，则意味着投标人取得合同后，可能为了节省开支而想方设法偷工减料、粗制滥造，给招标人造成不可挽回的损失。如果投标人以排挤其他竞争对手为目的，而以低于个别成本的价格投标，则构成低价倾销的不正当竞争行为，违反我国《中华人民共和国价格法》和《中华人民共和国反不正当竞争法》的有关规定。因此，投标人投标价格低于自己个别成本的，不得中标。

一般而言，招标人采购简单商品、半成品、设备、原材料，以及其他性能、质量相同或容易进行比较的货物时，价格可以作为评标时考虑的唯一因素，这种情况下，最低投标价中标的评标方法就可作为选择中标人的尺度。因此，在这种情况下，合同一般授予给投标价格最低的投标人。但是，如果是较复杂的项目，或者招标人招标主要考虑的不是价格而是投标人的个人技术和专门知识及能力，那么，最低投标价中标的原则就难以适用，而必须采用综合评价方法，评选出最佳的投标人，这样招标人的目的才能实现。

4.3　工程建设过程的招标与投标管理

4.3.1　勘察设计招标与投标管理

4.3.1.1　勘察招标概述

招标人委托勘察任务的目的是为建设项目的可行性研究立项选址和进行设计工作取得现场的实际依据资料，有时可能还要包括某些科研工作内容。

（1）委托工作内容

由于建设项目的性质、规模、复杂程度，以及建设地点的不同，设计所需的技术条件千差万别，设计前所需做的勘察和科研项目也就各不相同，有8大类别：自然条件观测；地形图测绘；资源探测；岩土工程勘察；地震安全性评价；工程水文地质勘察；环境评价和环境基底观测；模型试验和科研。

（2）勘察招标的特点

如果仅委托勘察任务而无科研要求，委托工作大多属于用常规方法实施的内容。任务明确具体，可以在招标文件中给出任务的数量指标，如地质勘探的孔位、眼数、总钻探进尺长度等。

勘察任务也可以单独发包给具有相应资质的勘察单位实施，将其包括在设计招标任务中。由于勘察工作所取得的工程项目所需技术基础资料是设计的依据，必须满足设计的需要，因此将勘察任务包括在设计招标的发包范围内，由有相应能力的设计单位完成或由其再去选择承担勘察任务的分包单位，对招标人较为有利。勘察设计总承包与分为两个合同分别承包比较，不仅在合同履行过程中招标人和监理可以摆脱实施过程中可能遇到的协议义务，而且能使勘察工作直接根据设计需要进行，满足设计对勘察资料精度、内容和进度的要求，必要时还可以进行补充勘察工作。

4.3.1.2　设计招标概述

设计的优劣对工程项目建设的成败有着至关重要的影响。以招标方式委托设计任务，是为了让设计的技术和成果作为有价值的商品进入市场，打破地区、部门的界限开展设计竞争，通过招标择优确定实施单位，达到拟建工程项目能够采用先进的技术和工艺、降低工程造价、缩短建设周期和提高投资效益的目的。设计招标的特点是投标人将招标人对项目的设想变为可实施方案的竞争。

(1) 招标发包的工作范围

一般工程项目的设计分为初步设计和施工图设计两个阶段进行，对技术复杂而又缺乏经验的项目，在必要时还要增加技术设计阶段。为了保证设计指导思想连续地贯彻于设计的各个阶段，一般多采用技术设计招标或施工图招标，不单独进行初步设计招标，由中标的设计单位承担初步设计任务。招标人应依据工程项目的具体特点决定发包的工作范围，可以采用设计全过程总发包的一次性招标，也可以选择分单项或分专业的发包招标。

(2) 设计的招标方式

设计招标不同于工程项目实施阶段的施工招标、材料供应招标、设备订购招标，其特点表现为承包任务是投标人通过自己的智力劳动，将招标人对建设项目的设想变为可实施的蓝图；而后者则是投标人按设计的明确要求完成规定的物质生产劳动。因此，设计招标文件对投标人所提出的要求不那么明确具体，只是简单介绍工程项目的实施条件、预期达到的技术经济指标、投资限额、进度要求等。投标人按规定分别报出工程项目的构思方案、实施计划和报价。招标人通过开标、评标程序对各方案进行比较选择后确定中标人。鉴于设计任务本身的特点，设计招标应采用设计方案竞选的方式招标。设计招标与其他招标在程序上的主要区别表现为如下几个方面。

① 招标文件的内容不同　设计招标文件中仅提出设计依据、工程项目应达到的技术指标、项目限定的工作范围、项目所在地的基本资料、要求完成的时间等内容，而无具体的工作量。

② 对投标文件的编制要求不同　投标人的投标报价不是按规定的工程量清单填报单价后算出总价，而是首先提出设计构思和初步方案，并论述该方案的优点和实施计划，在此基础上进一步提出报价。

③ 开标形式不同　开标时不是由招标单位的主持人宣读投标文件并按报价高低排定标价次序，而是由各投标人自己说明投标方案的基本构思和意图，以及其他实质性内容，而且不按报价高低排定标价次序。

④ 评标原则不同　评标时不过分追求投标报价的高低，评标委员更多关注于所提供方案的技术先进性、所达到的技术指标、方案的合理性，以及对工程项目投资效益的影响。

4.3.1.3　设计招标文件

方案竞选的设计招标文件是指导投标人正确编制投标报价的依据，既要全面介绍拟建工程项目的特点和设计要求，还应详细提出应当遵守的投标规定。

(1) 招标文件的主要内容

招标文件通常由招标人委托有资质的中介机构准备，其内容应包括以下几个方面：

① 投标须知，包括所有对投标要求的有关事项；

② 设计依据文件，包括设计任务书及经批准的有关行政文件复制件；

③ 项目说明书，包括工作内容、设计范围和深度、建设周期和设计进度要求等方面的内容，并告知建设项目的总投资限额；

④ 合同的主要条件；

⑤ 设计依据资料，包括提供设计所需资料的内容、方式和时间；

⑥ 组织现场考察和召开标前会议的时间、地点；

⑦ 投标截止日期；

⑧ 招标可能涉及的其他有关内容。

（2）设计要求文件的主要内容

招标文件中，对项目设计提出明确要求的"设计要求"或"设计大纲"是最重要的文件部分，大致包括以下内容：

① 设计文件编制的依据；

② 国家有关行政主管部门对规划方面的要求；

③ 技术经济指标要求；

④ 平面布局要求；

⑤ 结构形式方面的要求；

⑥ 结构设计方面的要求；

⑦ 设备设计方面的要求；

⑧ 特殊工程方面的要求；

⑨ 其他有关方面的要求，如环保、消防等。

编制设计要求文件应兼顾三个方面：严格性，文字表达应清楚不被误解；完整性，任务要求全面不遗漏；灵活性，要为投标人发挥设计创造性留有充分的自由度。

4.3.1.4 对投标人的资格审查

无论是公开招标时对申请投标人的资格预审，还是邀请招标时采用的资格后审，审查基本内容相同。

（1）资格审查

资格审查指投标人所持有的资质证书是否与招标项目的要求一致，具备实施资格。

① 证书的种类 国家和地方建设主管部门颁发的资格证书，分为"工程勘察证书"和"工程设计证书"。如果勘察任务合并在设计招标中，投标人必须同时拥有两种证书。若仅持有工程设计证书的投标人准备将勘察任务分包，必须同时提交分包人的工程勘察证书。

② 证书级别 我国工程勘察和设计证书分为甲、乙、丙三级，不允许低资质人承接高等级工程的勘察、设计任务。

③ 允许承接的任务范围 由于工程项目的勘察和设计有较强的专业性要求，还需审查证书批准允许承揽工作范围是否与招标项目的专业性质一致。

（2）能力审查

判定投标人是否具备承担发包任务的能力，通常审查人员的技术力量和所拥有的技术设备两方面。人员的技术力量主要考察设计负责人的资质能力，以及各类设计人员的专业覆盖面、人员数量、各级职称人员的比例等是否满足完成工程设计的需要。审查设备能力主要是审核开展正常勘察或设计所需的器材和设备，在种类、数量方面是否满足要求。不仅看其总拥有量，还应审查完好程度和在其他工程上的占用情况。

（3）经验审查

通过投标人报送的最近几年完成工程项目表，评定他的设计能力和水平。侧重于考察已完成的设计项目与招标工程在规模、性质、形式上是否相适应。

4.3.1.5 评标

（1）设计投标文件的评审

虽然投标文件的设计方案各异，需要评审的内容很多，但大致可以归纳为以下几个方面。

① 设计方案的优劣 设计方案评审内容主要包括：设计指导思想是否正确；设计产品方案是否反映了国内外同类工程项目较先进的水平；总体布置的合理性，场地利用系数是否合理；工艺流程是否先进；设备选型的适用性；主要建筑物、构筑物的结构是否合理，造型是否美观大方并与周围环境协调；"三废"治理方案是否有效；以及其他有关问题。

② 投入、产出经济效益比较 主要涉及以下几个方面：建筑标准是否合理；投资估算是否超过限额；先进的工艺流程可能带来的投资回报；实现该方案可能需要的外汇估算等。

③ 设计进度快慢 评价投标文件内的设计进度计划，看其能否满足招标人制订的项目建设总进度计划要求。大型复杂的工程项目为了缩短建设周期，初步设计完成后就进行施工招标，在施工阶段陆续提供施工详图。此时应重点审查设计进度是否能满足施工进度要求，避免妨碍或延误施工的顺利进行。

④ 设计资历和社会信誉 不设置资格预审的邀请招标，在评标时还应进行资格后审，作为评审比较条件之一。

⑤ 报价的合理性 在方案水平相当的投标人之间再进行设计报价的比较，不仅评定总价，还应审查各分项取费的合理性。

（2）勘察设计书的评审

勘察投标文件主要评审以下几个方面：勘察方案是否合理；勘察技术水平是否先进；各种所需勘察数据是否准备可靠；报价是否合理。

4.3.2 建设工程监理招标与投标管理

4.3.2.1 建设监理招标概述

（1）监理招标的特点

监理招标的标的是"监理服务"，与工程项目建设中其他各类招标的最大区别表现为监理单位不承担物质生产任务，只是受招标人委托对生产建设过程提供监督、管理、协调、咨询等服务。鉴于标的具有的特殊性，招标人选择中标人的基本原则是"基于能力的选择"。

① 招标宗旨是对监理单位能力的选择 监理服务是监理单位的高智能投入，服务工作完成的好坏不仅依赖于执行监理业务是否遵循了规范化的管理程序和方法，更多地取决于参与监理工作人员的业务专长、经验、判断能力、创新想象力，以及风险意识。因此招标选择监理单位时，鼓励的是能力竞争，而不是价格竞争。如果对监理单位的资质和能力不给予足够重视，只依据报价高低确定中标人，就忽视了高质量服务，报价最低的投标人不一定就是最能胜任工作者。

② 报价在选择中居于次要地位 工程项目的施工、物资供应招标选择中标人的原则是，在技术上达到要求标准的前提下，主要考虑价格的竞争性。而监理招标对能力的选择放在第一位，因为当价格过低时监理单位很难把招标人的利益放在第一位，为了维护自己的经济利益采取减少监理人员数量或多派业务水平低、工资低的人员，其后果必然导致对工程项目的损害。另外，监理单位提供高质量的服务，往往能使招标人获得节约工程投资和提前投产的实际效益，因此过多考虑报价因素得不偿失。但从另一个角度来看，服务质量与价格之间应

有相应的平衡关系，所以招标人应在能力相当的投标人之间再进行价格比较。

③ 邀请投标人较少　选择监理单位一般采用邀请招标，且邀请数量以 3～5 家为宜。因为监理招标是对知识、技能和经验等方面综合能力的选择，每一份标书内都会提出具有独特见解或创造性的实施建议，但又各有长处和短处。如果邀请过多投标人参与竞争，不仅要增大评标工作量，而且定标后还要给予未中标人以一定补偿费，与在众多投标人中好中求好的目的比较，往往产生事倍功半的效果。

（2）委托监理工作的范围

监理招标发包的工作内容和范围，可以是整个工程项目的全过程，也可以只监理招标人与其他人签订的一个或几个合同的履行。划分合同包的工作范围时，通常考虑的因素包括以下几个方面。

① 工程规模　中、小型工程项目，有条件时可将全部监理工作委托给一个单位；大型或复杂工程，则应按设计、施工等不同阶段及监理工作的专业性质分别委托给几家单位。

② 工程项目的专业特点　不同的施工内容对监理人员的素质、专业技能和管理水平的要求不同，应充分考虑专业特点的要求。如将土建和安装工程的监理工作分开招标，甚至有特殊基础处理时将该部分从土建中分离出去单独招标。

③ 被监理合同的难易程度　工程项目建设期间，招标人与第三人签订的合同较多，对易于履行合同的监理工作可并入相关工作的委托监理内容之中。如将采购通用建筑材料购销合同的监理工作并入施工监理的范围之内，而设备制造合同的监理工作则需委托专门的监理单位。

4.3.2.2　招标文件

监理招标实际上是征询投标人实施监理工作方面的方案建议。为了指导投标人正确编制投标文件，招标文件应包括以下几方面内容，并提供必要的资料。

① 投标须知

a. 工程项目综合说明。包括项目的主要建设内容、规模、工程等级、地点、总投资、现场条件、开竣工日期；

b. 委托的监理范围和监理业务；

c. 投标文件的格式、编制、递交；

d. 无效投标文件的规定；

e. 投标起始时间、开标、评标、定标时间和地点；

f. 招标文件、投标文件的澄清与修改；

g. 评标的原则等。

② 合同条件。

③ 业主提供的现场办公条件（包括交通、通信、住宿、办公用房等）。

④ 对监理单位的要求，包括对现场监理人员、检测手段、工程技术难点等方面的要求。

⑤ 有关技术规定。

⑥ 必要的设计文件、图纸和有关资料。

⑦ 其他事项。

4.3.2.3　评标

（1）对投标文件的评审

评标委员会对各投标文件进行审查评阅，主要考察以下几个方面的合理性。

①　投标人的资质：包括资质等级、批准的监理业务范围、主管部门或股东单位人员综合情况等；

②　监理大纲；

③　拟派项目的主要监理人员（重点审查总监理工程师和主要专业监理工程师）；

④　人员派驻计划和监理人员的素质（通过人员的学历证书、职称证书和上岗证书反映）；

⑤　监理单位提供用于工程的检测设备和仪器，或委托有关单位检测的协议；

⑥　近几年监理单位的业绩及奖惩情况；

⑦　监理费报价和费用组成；

⑧　招标文件要求的其他情况。

在审查过程中对投标文件不明确之处可采用澄清问题会的方式请投标人予以说明，并可通过与总监理工程师的会谈，考察他的风险意识、对业主建设意图的理解、应变能力、管理目标的设定等的素质高低。

（2）对投标文件的比较

监理评标的量化比较通常采用综合评分法对各投标人的综合能力进行对比。依据招标项目的特点设置评分内容和分值的权重。招标文件中说明的评标原则和预先确定的记分标准开标后不得更改，作为评标委员会的打分依据。

4.3.3　建设工程施工招标与投标管理

4.3.3.1　施工招标的特点

与设计招标和监理招标比较，施工招标的特点是发包的工作内容明确、具体，各投标人编制的投标文件在评标时易于进行横向对比。虽然投标人按招标文件的工程量表中既定的工作内容和工程量编制投标报价，但价格的高低并非是确定中标人的唯一条件，投标过程实际上是各投标人完成该项任务的技术、经济、管理等综合能力的竞争。

4.3.3.2　招标准备工作

（1）合同数量的划分

全部施工内容只发一个合同包招标，招标人仅与一个中标人签订合同，施工过程中管理工作比较简单，但有能力参与竞争的投标人较少。如果招标人有足够的管理能力，也可以将全部施工内容分解成若干个单位工程和特殊专业工程分包发包，一则可能发挥不同投标人的专业特长增强投标的竞争性；二则每个独立合同比总承包合同更容易落实，即使出现问题也是局部的，易于纠正或补救。但招标发包的数量多少要适当，合同太多会给招标工作和施工阶段的管理工作带来麻烦或损失。依据工程特点和现场条件划分合同包的工作范围时，主要应考虑以下因素的影响。

①　施工内容的专业要求　将土建施工和设备安装分别招标。土建施工采用公开招标，跨行业、跨地域在较广泛的范围内选择技术水平高、管理能力强而报价又合理的投标人实施。设备安装工作由于专业技术要求高，可采用邀请招标选择有能力的中标人。

②　施工现场条件　划分合同包时应充分考虑施工过程中几个独立承包人同时施工可能发生的交叉干扰，以利于监理对各个合同的协调管理。基本原则是现场施工尽可能避免平面或不同高程作业的干扰。还需考虑不同施工层或施工段在空间和时间上的衔接，避免在施工交界面就施工内容或责任的推诿或扯皮，以及关键线路上的施工内容划分不同合同包时要保

证总进度计划目标的实现。

③ 对工程总投资影响 合同数量划分的多与少对工程总造价的影响不是可以一概而论的问题，应根据项目的具体特点进行客观分析。只发一个合同包，便于投标人的施工，人工、施工机械和临时设施可以统一使用；划分合同数量较多时，各投标文件的报价中均要分别考虑动员准备费、施工机械闲置费、施工干扰的风险费等。但大型复杂项目的工程总承包，由于有能力参与竞争的投标人较少，且报价中往往计入分包管理费，会导致中标的合同价较高。

④ 其他因素的影响 工程项目的施工是一个复杂的系统工程，影响划分合同包的因素很多，如筹措建设资金的计划到位时间、施工图完成的计划进度等条件。

（2）编制招标文件

招标文件应尽可能完整、详细，这样不仅能使投标人对项目的招标有充分的了解，有利于投标竞争，而且招标文件中的很多文件将作为未来合同的有效组成部分。由于招标文件的内容繁多，必要时可以分卷、分章编写。

4.3.3.3 资格预审

资格预审是在招标阶段对申请投标人的第一次筛选，主要侧重于对承包人企业总体能力是否适合招标工程的要求进行审查。

（1）资格预审的主要内容

资格预审表的内容应根据招标工程项目对投标人的要求来确定，中小型工程的审查内容可适当简单，大型复杂工程则要对承包人的能力进行全面审查。

（2）资格预审方法

① 必须满足的条件 包括必要合格条件和附加合格条件，见表4.3。

表 4.3 资格预审必须满足的条件

必要合格条件	附加合格条件
营业执照——允许承接施工工作范围符合招标工程要求	附加合格条件并非是每个招标项目都必须设置的条件。对于大型复杂工程或有特殊专业技术要求的施工招标，通常在资格预审阶段需要考察申请投标人是否具有同类工程的施工经验和能力。附加合格条件根据招标工程的施工特点设定具体要求，该项条件不一定与招标工程的实施内容完全相同，只要与本项工程施工技术和管理能力在同一水平即可
资质等级——达到或超过项目要求标准	
财务状况——通过开户银行的资信证明来体现	
流动资金——不少于预计合同价的某一比例	
分包计划——主体工程不能分包	
履约情况——没有毁约被驱逐的历史	

② 加权打分量化审查 对满足上述条件申请投标人的资格预审文件，采用加权打分法进行量化评定和比较。权重的分配依据招标工程特点和对承包人的要求配设。打分过程中应注意对承包人报送资料的分析。

4.3.3.4 评标

（1）综合评分法

施工招标需要评定比较的要素较多，且各项内容的单位又不一致，如工期是天、报价是元等，因此综合评分法可以较全面地反映投标人的素质。评标时对各承包人实施工程综合能力的比较，大型复杂工程的评分标准最好设置几级评分目标，以利于评委控制打分标准减小随意性。评分的指标体系及权重应根据招标工程项目特点设计。报价部分的评分又分为用标底衡量、用复合标底衡量和无标底比较三大类。

① 以标底衡量报价得分的综合评分法　评标委员会首先以预先确定的允许报价浮动范围（例如±5％）确定入围的有效投标，然后按照评标规则计算各项得分，最后以累计得分比较投标文件的优劣。应予注意，若某投标文件的总分不低，但其中某一项得分低于该项及格分时，也应充分考虑授标给此投标人实施过程中可能存在的风险。

② 以复合标底值作为报价评分衡量标准的综合评分法　以标底作为评定标准时，有可能因编制的标底没有反映出较为先进的施工技术水平和管理水平，导致报价分的评定不合理。为了弥补这一缺陷，采用标底的修正值作为衡量标准。具体步骤为：

a. 计算各标书报价的算术平均值 A。

b. 将标书平均值 A 与标底再作算术平均 B。

c. 以 B 值为中心，按预先确定的允许浮动范围（如±10％）确定入围的有效投标文件。

d. 计算入围有效标书的报价算术平均值 C。

e. 将标底和 C 值进行平均，作为确定报价得分的衡量标准。此步计算可以是简单的算术平均数，也可以给标底和报价的平均值 A 赋予权重，采用加权平均计算。

f. 依据评标规则确定的计算方法，按报价与标准的偏离度计算投标文件的该项得分。

③ 无标底的综合评分法　前两种方法在商务评标过程中对报价的评审都以预先设定的标底作为衡量条件，如果标底编制得不够合理，有可能对某些投标文件的报价评分不公平。为了鼓励投标人的报价竞争，可以不预先制订标底，用反映投标人报价平均水平的某一值作为衡量基准评定各投标文件的报价部分得分。此种方法在招标文件中应说明比较的标准值和报价与标准值偏差的计分方法，视报价与其偏离度的大小确定分值高低。采用较多的方法包括以下几种。

a. 以最低报价为标准值。在所有投标文件的报价中以报价最低者为标准（该项满分），其他投标人的报价按预先确定的偏离百分比计算相应得分。但应注意，最低的投标报价比次低投标人的报价如果相差悬殊（如±20％以上），则应首先考虑最低报价者是否有低于其企业成本的竞标，若报价的费用组成合理，才可以作为标准值。这种规则适用于工作内容简单、一般承包人采用常规方法都可以完成的施工内容，因此评标时更重视报价的高低。

b. 以平均报价为标准值。开标后，首先计算各主要报价项的标准值。可以采用简单的算术平均值或平均值下浮某一预先设定的百分比作为标准值。标准值确定后，再按预先确定的规则，视各投标文件的报价与标准值的偏离程度，计算各投标书的该项得分。对于某些较为复杂的工作任务，不同的施工组织和施工方法可能产生不同效果的情况，不应过分追求报价，因此采用投标人的报价平均水平作为衡量标准。

（2）评标价法

评标委员会首先通过对各投标文件的审查淘汰技术方案不满足基本要求的投标文件，然后对基本合格标书按预定的方法将某些评审要素按一定规则折算为评审价格，加到该标书的报价上形成评标价。以评标价最低的标书为最优（不是投标报价最低）。评标价仅作为衡量投标人能力高低的量化比较方法，与中标人签订合同时仍以投标价格为准。可以折算成价格的评审要素一般包括：

① 投标文件承诺的工期提前给项目可能带来的超前收益，以月为单位按预定计算规则折算为相应的货币值，从该投标人的报价内扣减此值；

② 实施过程中必然发生而标书又属明显漏项部分，给予相应的补项，增加到报价上去；

③ 技术建议可能带来的实际经济效益，按预定的比例折算后，在投标价内减去该值；

④ 投标文件内提出的优惠条件可能给招标人带来的好处，以开标日为准，按一定的方法折算后，作为评审价格因素之一；

⑤ 对其他可以折算为价格的要素，按照对招标人有利或不利的原则，增加或减少到投标报价上去。

4.3.4　建设工程物资采购招标与投标管理

4.3.4.1　建设工程物质招标投标概述

项目建设所需物资按标的物的特点可以区分为买卖合同和承揽合同两大类。采购大宗建筑材料或定型批量生产的中小型设备属于买卖合同，由于标的物的规格、性能、主要技术参数均为通用指标，因此招标一般仅限于对投标人的商业信誉、报价、交货期限和方式、安装（或安装指导）、调试、保修及操作人员培训等各方面条件进行全面比较。

4.3.4.2　划分合同包的基本原则

建设工程项目所需的各种物资应按实际需求分成几个阶段进行招标。每次招标时，可依据物资的性质只发一个合同包或者分成几个合同包同时招标。投标的基本单位是包，投标人可以投一个或其中的几个包，但不能投一个包中的某几项。如采购钢材的招标，将钢筋供应作为一个包，其中包括全部φ8，φ12，φ20，φ22 等型号，投标人不能仅投其中的某一项，而必须包括全部规格和数量供应的报价，保证供货时间和质量。

划分合同包主要考虑的因素包括以下几项。

（1）有利于投标竞争

按照标的物预计金额的大小恰当地分标和分包。若一个包划分过大，中小供货商无力问津；反之，划分过小对有实力供货商又缺少吸引力。

（2）工程进度与供货时间的关系

分阶段招标的计划应以到货时间满足施工进度计划为条件，综合考虑制造周期、运输、仓储能力等因素，既不能延误施工的需要，也不应过早到货，以免支出过多保管费用及占用建设资金。

（3）市场供应情况

项目建设需要大量建筑材料和设备，应合理预计市场价格的浮动影响，合理分阶段、分批采购。

（4）资金计划

考虑建设资金的到位计划和周转计划，合理地进行分次采购招标。

4.3.4.3　设备采购的资格预审

合格的投标人应具有圆满履行合同的能力，具体要求应符合以下条件：

① 具有独立订立合同的权利。

② 在专业技术、设备设施、人员组织、业绩经验等方面具有设计、制造、质量控制、经营管理的相应资格和能力。

③ 具有完善的质量保证体系。

④ 业绩良好。要求具有设计、制造与招标设备相同或相近设备 1～2 台（套）2 年以上良好运行经验，在安装调试运行中未发现重大设备质量问题或已有有效改进措施。

⑤ 有良好的银行信用和商业信誉等。

4.3.4.4 评标

材料、设备供货评标的特点是，不仅要看报价的高低，还要考虑招标人在货物运抵现场过程中可能要支付的其他费用，以及设备在评审预定的寿命期内可能投入的运营、管理费用的多少。如果投标人的设备报价较低但运营费用很高时，仍不符合以最合理价格采购原则。货物采购评标，一般采用评标价法或综合评分法，也可以将二者结合使用。

(1) 评标价法

以货币价格作为评价指标的评标价法，依据标的性质不同可以分为以下几类比较方法。

① 最低投标价法 采购简单商品、半成品、原材料，以及其他性能、质量相同或容易进行比较的货物时，仅以报价和运费作为比较要素，选择总价格最低者中标。

② 综合评标价法 以投标价为基础，将评审各要素按预定方法换算成相应价格值，增加或减少到报价上形成评标价。采购机组、车辆等大型设备时，较多采用这种方法。投标报价之外还需考虑的因素通常包括以下几种。

a. 运输费用。招标人可能额外支付的运费、保险费和其他费用，如运输超大件设备时需要对道路加宽、桥梁加固所需支出的费用等。换算为评标价时，可按照运输部门（铁路、公路、水运）、保险公司，以及其他有关部门公布的取费标准，计算货物运抵最终目的地将要发生的费用。

b. 交货期。评标时以招标文件的"供货一览表"中规定的交货时间为标准。投标文件中提出的交货期早于规定时间，一般不给予评标优惠。因为施工还不需要时的提前到货，不仅不会使招标人获得提前收益，反而要增加仓储保管费和设备保养费。如果迟于规定的交货日期且推迟的时间尚在可以接受的范围内，则交货日期每延迟 1 个月，按投标价的一定百分比（一般为 2%）计算折算价，增加到报价上去。

c. 付款条件。投标人应按招标文件中规定的付款条件报价，对不符合规定的投标，可视为非响应性而予以拒绝。但在大型设备采购招标中，如果投标人在投标致函内提出了"若采用不同的付款条件（如增加预付款或前期阶段支付款）可以降低报价"的供选择方案时，评标时也可予以考虑。当要求的条件在可接受范围内，应将偏离要求的招标人增加的费用（资金利息等），按招标文件规定的贴现率换算成评标时的净现值，加到投标致函中提出的更改报价上后作为评标价。如果投标文件提出可以减少招标文件说明的预付款金额，则招标人晚支付部分可能少支付的利息，也应以贴现方式从投标报价内扣减此值。

d. 零配件和售后服务。零配件以设备运行 2 年内各类易损备件的获取途径和价格作为评标要素。售后服务一般包括安装监督、设备调试、提供备件、负责维修、人员培训等工作，评价提供这些服务的可能性和价格。评标时如何对待这两笔费用，视招标文件中的规定区别对待。当这些费用已要求投标人包括在报价之内，评标时不再重复考虑；若要求投标人在报价之外单独填报，则应将其加到投标价上。如果招标文件对此没作任何要求，评标时应按投标文件附件中由投标人填报的备件名称、数量计算可能需购置的总价格，以及由投标人自己安排的售后服务价格加到投标价上去。

e. 设备性能、生产能力。投标设备应具有招标文件技术规范中要求的生产效率。如果所提供设备的性能、生产能力等某些技术指标没有达到要求的基准参数，则每种参数比基准参数降低 1% 时，应以投标设备实际生产效率成本为基础计算，在投标价上增加若干金额。

将以上各项评审价格加到报价上去后，累计金额即为该标书的评标价。

③ 以设备寿命周期成本为基础的评标价法 采购生产线、成套设备、车辆等运行期内各种费用较高的货物，评标时可预先确定一个统一的设备评审寿命期（短于实际寿命期），

然后再根据投标文件的实际情况在报价上加上该年限运行期间所发生的各项费用，再减去寿命期末设备的残值。计算各项费用和残值时，都应按招标文件规定的贴现率折算成净现值。

这种方法是在综合评标价的基础上，进一步加上一定运行年限内的费用作为评审价格。这些以贴现值计算的费用包括：

a. 估算寿命期内所需的燃料消耗费；

b. 估算寿命期内所需备件及维修费用；

c. 估算寿命期残值。

（2）综合评分法

按预先确定的评分标准，分别对各投标文件的报价和各种服务进行评审记分。

① 评审记分内容　主要内容包括：投标价格；运输费、保险费和其他费用的合理性；投标文件所报的交货期限；偏离招标文件规定的付款条件影响；备件价格和售后服务；设备的性能、质量、生产能力；技术服务和培训；其他有关内容。

② 评审要素的分值分配　评审要素确定后，应依据采购标的物的性质、特点，以及各要素对总投资的影响程度划分权重和记分标准，既不能等同对待，也不应一概而论。表 4.4 是世界银行贷款项目通常采用的分配比例，以供参考。

表 4.4　评审要素的分值

（1）投标价格	60～70 分
（2）备件价格	0～10 分
（3）技术性能、维修、运行费	0～10 分
（4）售后服务	0～5 分
（5）标准备件等	0～5 分
总　计	100 分

综合积分法的好处是简便易行，评标考虑要素较为全面，可以将难以用金额表示的某些要素量化后加以比较。缺点是各评标委员独自给分，对评标人的水平和知识面要求高，否则主观随意性大。投标人提供的设备型号各异，难以合理确定不同技术性能的相关分值差异。

<h2 align="center">思 考 题</h2>

1. 招标投标适用于哪些交易活动？
2. 招标投标的基本原则是什么？
3. 工程项目必须招标的范围是什么？相应规模标准的规定是什么？
4. 法定的招标方式是什么？各自的优缺点是什么？
5. 招标准备阶段主要完成哪些工作？由谁来完成？
6. 发售招标文件的时间规定是什么？
7. 现场考察由谁来组织？其主要目的是什么？
8. 招标人答疑时应注意什么问题？
9. 开标由谁主持？开标程序是什么？
10. 宣布为无效标书的情形主要有哪些？
11. 评标委员会人数及人员构成的法律规定是什么？
12. 如何理解投标文件对招标文件各项要求的实质性响应？
13. 招标人与中标人签订合同过程中应注意什么问题？
14. 监理招标的主要特点是什么？

第 5 章

建设工程勘察设计合同管理

主要内容：建设工程勘察、设计工作概念；建设工程勘察、设计合同示范文本及订立方式；建设工程设计合同履行中设计阶段划分和深度确定，施工图审查制度。

教学要求：了解和熟悉建设工程勘察、设计合同概念、法律依据；熟悉勘察、设计合同的主要内容及管理过程。

5.1 建设工程勘察设计合同概述

5.1.1 基本概念

我国《建设工程勘察设计管理条例》对建设工程勘察和设计的概念作出了明确界定，建设工程勘察是指根据建设工程的要求，查明、分析、评价建设场地的地质地理环境特征和岩土工程条件，编制建设工程勘察文件的活动。建设工程设计是指根据建设工程的要求，对建设工程所需的技术、经济、资源、环境等条件进行综合分析、论证，编制建设工程设计文件的活动。

建设工程勘察、设计合同是指发包人与勘察人（设计人）为完成特定的勘察（设计）任务，明确双方权利义务关系的协议。

建设工程勘察、设计应当坚持先勘察、后设计、再施工的原则，建设工程勘察、设计单位必须依法进行建设工程勘察、设计，严格执行工程建设强制性标准，并对建设工程勘察、设计的质量负责。建设工程勘察、设计应当与社会、经济发展水平相适应，做到经济效益、社会效益和环境效益相统一。国家鼓励在建设工程勘察、设计活动中采用先进技术、先进工艺、先进设备、新型材料和现代管理方法。

5.1.2 合同示范文本

5.1.2.1 建设工程勘察合同示范文本

为了指导建设工程勘察合同当事人的签约行为，维护合同当事人的合法权益，依据《中华人民共和国合同法》《中华人民共和国建筑法》《中华人民共和国招标投标法》等相关法律法规的规定，住房和城乡建设部、国家工商行政管理总局对《建设工程勘察合同（一）［岩土工程勘察、水文地质勘察（含凿井）、工程测量、工程物探］》（GF-2000-0203）及《建设工程勘察合同（二）（岩土工程设计、治理、监测）》（GF-2000-0204）进行了修订，制定了《建设工程勘察合同（示范文本）》（GF-2016-0203）（以下简称《勘察合同示范文本》）。

《勘察合同示范文本》为非强制性使用文本，合同当事人可结合工程具体情况，根据《勘察合同示范文本》订立合同，并按照法律法规和合同约定履行相应的权利义务，承担相应的法律责任。《勘察合同示范文本》适用于岩土工程勘察、岩土工程设计、岩土工程物探/测试/检测/监测、水文地质勘察及工程测量等工程勘察活动，岩土工程设计也可使用《建设工程设计合同示范文本（专业建设工程）》（GF-2015-0210）。

《勘察合同示范文本》由合同协议书、通用合同条款和专用合同条款三部分组成。

（1）合同协议书

《勘察合同示范文本》合同协议书共计12条，主要包括工程概况、勘察范围和阶段、技术要求及工作量、合同工期、质量标准、合同价款、合同文件构成、承诺、词语定义、签订时间、签订地点、合同生效和合同份数等内容，集中约定了合同当事人基本的合同权利义务。

（2）通用合同条款

通用合同条款是合同当事人根据《中华人民共和国合同法》《中华人民共和国建筑法》《中华人民共和国招标投标法》等相关法律法规的规定，就工程勘察的实施及相关事项对合同当事人的权利义务作出的原则性约定。

通用合同条款具体包括一般约定、发包人、勘察人、工期、成果资料、后期服务、合同价款与支付、变更与调整、知识产权、不可抗力、合同生效与终止、合同解除、责任与保险、违约、索赔、争议解决及补充条款等共计17条。上述条款安排既考虑了现行法律法规对工程建设的有关要求，也考虑了工程勘察管理的特殊需要。

（3）专用合同条款

专用合同条款是对通用合同条款原则性约定的细化、完善、补充、修改或另行约定的条款。合同当事人可以根据不同建设工程的特点及具体情况，通过双方的谈判、协商对相应的专用合同条款进行修改补充。在使用专用合同条款时，应注意以下事项：

① 专用合同条款编号应与相应的通用合同条款编号一致。

② 合同当事人可以通过对专用合同条款的修改，满足具体项目工程勘察的特殊要求，避免直接修改通用合同条款。

③ 在专用合同条款中有横道线的地方，合同当事人可针对相应的通用合同条款进行细化、完善、补充、修改或另行约定；如无细化、完善、补充、修改或另行约定，则填写"无"或画"/"。

5.1.2.2 建设工程设计合同示范文本

为了指导建设工程设计合同当事人的签约行为，维护合同当事人的合法权益，依据《中华人民共和国合同法》《中华人民共和国建筑法》《中华人民共和国招标投标法》以及相关法律法规，住房和城乡建设部、工商总局对《建设工程设计合同（一）（民用建设工程设计合同）》（GF-2000-0209）进行了修订，制定了《建设工程设计合同示范文本（房屋建筑工程）》（GF-2015-0209）（以下简称《设计合同示范文本》）。

《设计合同示范文本》供合同双方当事人参照使用，可适用于方案设计招标投标、队伍比选等形式下的合同订立。

《设计合同示范文本》适用于建设用地规划许可证范围内的建筑物构筑物设计，室外工程设计，民用建筑修建的地下工程设计及住宅小区、工厂厂前区、工厂生活区、小区规划设计及单体设计等，以及所包含的相关专业的设计内容（总平面布置、竖向设计、各类管网管线设计、景观设计、室内外环境设计及建筑装饰、道路、消防、智能、安保、通信、防雷、人防、供配电、照明、废水治理、空调设施、抗震加固等）等工程设计活动。

《设计合同示范文本》由合同协议书、通用合同条款和专用合同条款三部分组成。

（1）合同协议书

《设计合同示范文本》合同协议书集中约定了合同当事人基本的合同权利义务。

（2）通用合同条款

通用合同条款是合同当事人根据《中华人民共和国建筑法》《中华人民共和国合同法》等法律法规的规定，就工程设计的实施及相关事项，对合同当事人的权利义务作出的原则性约定。

通用合同条款既考虑了现行法律法规对工程建设的有关要求，也考虑了工程设计管理的特殊需要。

（3）专用合同条款

专用合同条款是对通用合同条款原则性约定的细化、完善、补充、修改或另行约定的条款。合同当事人可以根据不同建设工程的特点及具体情况，通过双方的谈判、协商对相应的专用合同条款进行修改补充。在使用专用合同条款时，应注意以下事项：

① 专用合同条款的编号应与相应的通用合同条款的编号一致。

② 合同当事人可以通过对专用合同条款的修改，满足具体房屋建筑工程的特殊要求，避免直接修改通用合同条款。

③ 在专用合同条款中有横道线的地方，合同当事人可针对相应的通用合同条款进行细化、完善、补充、修改或另行约定；如无细化、完善、补充、修改或另行约定，则填写"无"或画"/"。

5.2 建设工程勘察设计合同的订立

5.2.1 建设工程勘察设计发包与承包

建设工程勘察、设计依法实行招标发包或者直接发包。依法招标发包的建设工程勘察、设计，其勘察、设计方案评标应当以投标人的业绩、信誉和勘察、设计人员的能力以及勘察、设计方案的优劣为依据，进行综合评定。建设工程勘察、设计的招标人应当在评标委员会推荐的候选方案中确定中标方案。但是，建设工程勘察、设计的招标人认为评标委员会推荐的候选方案不能最大限度满足招标文件规定的要求的，应当依法重新招标。

《建设工程勘察设计管理条例》中规定下列建设工程的勘察、设计，经有关主管部门批准，可以直接发包：

① 采用特定的专利或者专有技术的；

② 建筑艺术造型有特殊要求的；

③ 国务院规定的其他建设工程的勘察、设计。

发包方可以将整个建设工程的勘察、设计发包给一个勘察、设计单位；也可以将建设工程的勘察、设计分别发包给几个勘察、设计单位。除建设工程主体部分的勘察、设计外，经发包方书面同意，承包方可以将建设工程其他部分的勘察、设计再分包给其他具有相应资质等级的建设工程勘察、设计单位。

发包方不得将建设工程勘察、设计业务发包给不具有相应勘察、设计资质等级的建设工程勘察、设计单位。建设工程勘察、设计单位不得将所承揽的建设工程勘察、设计转包。

5.2.2　勘察合同的主要内容

5.2.2.1　双方当事人的主要权利和义务

（1）发包人的权利和义务

发包人的权利主要包括：

① 发包人对勘察人的勘察工作有权依照合同约定实施监督，并对勘察成果予以验收。

② 发包人对勘察人无法胜任工程勘察工作的人员有权提出更换。

③ 发包人拥有勘察人为其项目编制的所有文件资料的使用权，包括投标文件、成果资料和数据等。

发包人的义务主要包括：

① 发包人应以书面形式向勘察人明确勘察任务及技术要求。

② 发包人应提供开展工程勘察工作所需要的图纸及技术资料，包括总平面图、地形图、已有水准点和坐标控制点等。若上述资料由勘察人负责搜集时，发包人应承担相关费用。

③ 发包人应提供工程勘察作业所需的批准及许可文件，包括立项批复、占用和挖掘道路许可等。

④ 发包人应为勘察人提供具备条件的作业场地及进场通道（包括土地征收、障碍物清除、场地平整、提供水电接口和青苗赔偿等）并承担相关费用。

⑤ 发包人应为勘察人提供作业场地内地下埋藏物（包括地下管线、地下构筑物等）的资料、图纸，没有资料、图纸的地区，发包人应委托专业机构查清地下埋藏物。若因发包人未提供上述资料、图纸，或提供的资料、图纸不实，致使勘察人在工程勘察工作过程中发生人身伤害或造成经济损失时，由发包人承担赔偿责任。

⑥ 发包人应按照法律法规规定为勘察人安全生产提供条件并支付安全生产防护费用，发包人不得要求勘察人违反安全生产管理规定进行作业。

⑦ 若勘察现场需要看守，特别是在有毒、有害等危险现场作业时，发包人应派人负责安全保卫工作；按国家有关规定，对从事危险作业的现场人员进行保健防护，并承担费用。发包人对安全文明施工有特殊要求时，应在专用合同条款中另行约定。

⑧ 发包人应对勘察人满足质量标准的已完工作，按照合同约定及时支付相应的工程勘察合同价款及费用。

（2）勘察人的权利和义务

勘察人的权利主要包括：

① 勘察人在工程勘察期间，根据项目条件和技术标准、法律法规规定等方面的变化，有权向发包人提出增减合同工作量或修改技术方案的建议。

② 除建设工程主体部分的勘察外，根据合同约定或经发包人同意，勘察人可以将建设工程其他部分的勘察分包给其他具有相应资质等级的建设工程勘察单位。发包人对分包的特殊要求应在专用合同条款中另行约定。

③ 勘察人对其编制的所有文件资料，包括投标文件、成果资料、数据和专利技术等拥有知识产权。

勘察人的义务主要包括：

① 勘察人应按勘察任务书和技术要求并依据有关技术标准进行工程勘察工作。

② 勘察人应建立质量保证体系，按本合同约定的时间提交质量合格的成果资料，并对其质量负责。

③ 勘察人在提交成果资料后，应为发包人继续提供后期服务。

④ 勘察人在工程勘察期间遇到地下文物时，应及时向发包人和文物主管部门报告并妥善保护。

⑤ 勘察人开展工程勘察活动时应遵守有关职业健康及安全生产方面的各项法律法规的规定，采取安全防护措施，确保人员、设备和设施的安全。

⑥ 勘察人在燃气管道、热力管道、动力设备、输水管道、输电线路、临街交通要道及地下通道（地下隧道）附近等风险性较大的地点，以及在易燃易爆地段及放射、有毒环境中进行工程勘察作业时，应编制安全防护方案并制订应急预案。

⑦ 勘察人应在勘察方案中列明环境保护的具体措施，并在合同履行期间采取合理措施保护作业现场环境。

5.2.2.2 合同工期

勘察人应按合同约定的工期进行工程勘察工作，并接受发包人对工程勘察工作进度的监督、检查。

因发包人原因不能按照合同约定的日期开工，发包人应以书面形式通知勘察人，推迟开工日期并相应顺延工期。

勘察人应按照合同约定的日期或双方同意顺延的工期提交成果资料，具体可在专用合同条款中约定。

5.2.2.3 成果资料

勘察人应向发包人提交成果资料四份，发包人要求增加的份数，在专用合同条款中另行约定，发包人另行支付相应的费用。成果质量应符合相关技术标准和深度规定，且满足合同约定的质量要求。

5.2.2.4 合同价款

依照法定程序进行招标工程的合同价款由发包人和勘察人依据中标价格载明在合同协议书中；非招标工程的合同价款由发包人和勘察人议定，并载明在合同协议书中。合同价款的形式，双方可在专用合同条款中约定。

5.2.3 设计合同的主要内容

5.2.3.1 双方当事人的主要权利和义务

（1）发包人的权利和义务

发包人的权利主要包括：

① 获得工程建设所需的设计文件。

② 发包人在法律允许的范围内有权对设计人的设计工作、设计项目和/或设计文件作出处理决定，设计人应按照发包人的决定执行，涉及设计周期和（或）设计费用等问题按本合同中"工程设计变更与索赔"的约定处理。

③ 发包人有权书面通知设计人更换其认为不称职的项目负责人，通知中应当载明要求更换的理由。对于发包人有理由的更换要求，设计人应在收到书面更换通知后在专用合同条款约定的期限内进行更换，并将新任命的项目负责人的注册执业资格、管理经验等资料书面通知发包人。

④ 对设计人的违约行为提出索赔。

⑤ 专用合同条款约定的其他权利。

发包人的义务主要包括：

① 发包人应遵守法律，并办理法律规定由其办理的许可、核准或备案，包括但不限于建设用地规划许可证、建设工程规划许可证、建设工程方案设计批准、施工图设计审查等许可、核准或备案。

发包人负责本项目各阶段设计文件向规划设计管理部门的送审报批工作，并负责将报批结果书面通知设计人。因发包人原因未能及时办理完毕前述许可、核准或备案手续，导致设计工作量增加和（或）设计周期延长时，由发包人承担由此增加的设计费用和（或）延长的设计周期。

② 发包人应当在工程设计前或专用合同条款约定的时间向设计人提供工程设计所必需的工程设计资料，并对所提供资料的真实性、准确性和完整性负责。按照法律规定确需在工程设计开始后方能提供的设计资料，发包人应及时地在相应工程设计文件提交给发包人前的合理期限内提供，合理期限应以不影响设计人的正常设计为限。

③ 发包人应为派赴现场处理有关设计问题的工作人员提供必要的工作生活及交通等方便条件。

④ 发包人应当负责工程设计的所有外部关系（包括但不限于当地政府主管部门等）的协调，为设计人履行合同提供必要的外部条件。

⑤ 发包人应保护设计人的投标文件、设计方案、文件、资料图纸、数据、计算软件和专利技术等的知识产权。

⑥ 发包人应按合同约定向设计人及时足额支付合同价款。

⑦ 专用合同条款约定的其他义务。

（2）设计人的权利和义务

设计人的权利主要包括：

① 获得合同约定的设计报酬。

② 当发包人违约利用设计成果时，有权向其提出索赔或提起诉讼。

设计人的义务主要包括：

① 设计人应遵守法律和有关技术标准的强制性规定，完成合同约定范围内的房屋建筑工程方案设计、初步设计、施工图设计，提供符合技术标准及合同要求的工程设计文件，提供施工配合服务。

② 设计人应当按照专用合同条款约定配合发包人办理有关许可、核准或备案手续的，因设计人原因造成发包人未能及时办理许可、核准或备案手续，导致设计工作量增加和（或）设计周期延长时，由设计人自行承担由此增加的设计费用和（或）设计周期延长的责任。

③ 设计人应保护发包人的知识产权，不得向第三人泄露、转让发包人提交的产品图纸等技术经济资料。

④ 设计人应当完成合同约定的工程设计其他服务。

5.2.3.2　对工程设计文件的要求

① 工程设计文件的编制应符合法律、技术标准的强制性规定及合同的要求。

② 工程设计依据应完整、准确、可靠，设计方案论证充分，计算成果可靠，并能够实施。

③ 工程设计文件的深度应满足本合同相应设计阶段的规定要求，并符合国家和行业现行有效的相关规定。

④ 工程设计文件必须保证工程质量和施工安全等方面的要求，按照有关法律法规规定在工程设计文件中提出保障施工作业人员安全和预防生产安全事故的措施建议。

⑤ 应根据法律、技术标准要求，保证房屋建筑工程的合理使用寿命年限，并应在工程设计文件中注明相应的合理使用寿命年限。

5.2.3.3　合同价款与支付

合同价款组成主要包括：

① 工程设计基本服务费用；

② 工程设计其他服务费用；

③ 在未签订合同前发包人已经同意或接受或已经使用的设计人为发包人所做的各项工作的相应费用等。

合同价格形式双方当事人应在合同协议书中约定。

设计合同以定金担保合同为从合同，定金的比例不应超过合同总价款的20%。定金的支付按照专用合同条款约定执行，但最迟应在开始设计通知载明的开始设计日期前专用合同条款约定的期限内支付。发包人逾期支付定金超过专用合同条款约定的期限的，设计人有权向发包人发出要求支付定金或预付款的催告通知，发包人收到通知后7天内仍未支付的，设计人有权不开始设计工作或暂停设计工作。

发包人应当按照专用合同条款约定的付款条件及时向设计人支付进度款。在对已付进度款进行汇总和复核中发现错误、遗漏或重复的，发包人和设计人均有权提出修正申请。经发包人和设计人同意的修正，应在下期进度付款中支付或扣除。

5.3　建设工程勘察设计合同履行管理

合同成立以后，双方当事人应该按照合同约定全面履行各自义务。按照合同示范文本内容，合同履行管理主要包括成果管理、支付管理、进度管理、变更管理、违约责任、争议解决等方面。

5.3.1　勘察合同的履行管理

5.3.1.1　成果管理

成果质量应符合相关技术标准和深度规定，且满足合同约定的质量要求。双方对工程勘察成果质量有争议时，由双方同意的第三方机构鉴定，所需费用及因此造成的损失，由责任方承担；双方均有责任的，由双方根据其责任分别承担。

勘察人按照约定时间和地点向发包人交付成果资料，发包人应出具书面签收单，内容包括成果名称、成果组成、成果份数、提交和签收日期、提交人与接收人的亲笔签名等。

勘察人向发包人提交成果资料后，如需对勘察成果组织验收的，发包人应及时组织验收。除专用合同条款对期限另有约定外，发包人 14 天内无正当理由不予组织验收，视为验收通过。

5.3.1.2 支付管理

实行定金或预付款的，双方应在专用合同条款中约定发包人向勘察人支付定金或预付款数额，支付时间应不迟于约定的开工日期前 7 天。发包人不按约定支付，勘察人向发包人发出要求支付的通知，发包人收到通知后仍不能按要求支付，勘察人可在发出通知后推迟开工日期，并由发包人承担违约责任。

定金或预付款在进度款中抵扣，抵扣办法可在专用合同条款中约定。确定调整的合同价款及其他条款中约定的追加或减少的合同价款，应与进度款同期调整支付。

发包人超过约定的支付时间不支付进度款，勘察人可向发包人发出要求付款的通知，发包人收到勘察人通知后仍不能按要求付款，可与勘察人协商签订延期付款协议，经勘察人同意后可延期支付。

发包人不按合同约定支付进度款，双方又未达成延期付款协议，勘察人可停止工程勘察作业和后期服务，由发包人承担违约责任。

除专用合同条款另有约定外，发包人应在勘察人提交成果资料后 28 天内，依据合同相应条款的约定进行最终合同价款确定，并予以全额支付。

5.3.1.3 变更管理

（1）变更范围

勘察合同变更是指在合同签订日后发生的以下变更：

① 法律法规及技术标准的变化引起的变更；

② 规划方案或设计条件的变化引起的变更；

③ 不利物质条件引起的变更；

④ 发包人的要求变化引起的变更；

⑤ 因政府临时禁令引起的变更；

⑥ 其他专用合同条款中约定的变更。

（2）变更确认

当引起变更的情形出现，除专用合同条款对期限另有约定外，勘察人应在 7 天内就调整后的技术方案以书面形式向发包人提出变更要求，发包人应在收到报告后 7 天内予以确认，逾期不予确认也不提出修改意见，视为同意变更。

（3）变更合同价款确定

变更合同价款按下列方法进行：

① 合同中已有适用于变更工程的价格，按合同已有的价格变更合同价款；

② 合同中只有类似于变更工程的价格，可以参照类似价格变更合同价款；

③ 合同中没有适用或类似于变更工程的价格，由勘察人提出适当的变更价格，经发包人确认后执行。

除专用合同条款对期限另有约定外，一方应在双方确定变更事项后 14 天内向对方提出变更合同价款报告，否则视为该项变更不涉及合同价款的变更。

除专用合同条款对期限另有约定外，一方应在收到对方提交的变更合同价款报告之日起

14 天内予以确认。逾期无正当理由不予确认的，则视为该项变更合同价款报告已被确认。

一方不同意对方提出的合同价款变更，按争议解决的约定处理。因勘察人自身原因导致的变更，勘察人无权要求追加合同价款。

5.3.1.4 违约责任

（1）发包人违约情形

① 合同生效后，发包人无故要求终止或解除合同；

② 发包人未按合同约定按时支付定金或预付款；

③ 发包人未按合同约定按时支付进度款；

④ 发包人不履行合同义务或不按合同约定履行义务的其他情形。

（2）发包人违约责任

合同生效后，发包人无故要求终止或解除合同，勘察人未开始勘察工作的，不退还发包人已付的定金或发包人按照专用合同条款约定向勘察人支付违约金；勘察人已开始勘察工作的，若完成计划工作量不足 50% 的，发包人应支付勘察人合同价款的 50%；完成计划工作量超过 50% 的，发包人应支付勘察人合同价款的 100%。

发包人发生其他违约情形时，发包人应承担由此增加的费用和工期延误损失，并给予勘察人合理赔偿。双方可在专用合同条款内约定发包人赔偿勘察人损失的计算方法或者发包人应支付违约金的数额或计算方法。

（3）勘察人违约情形

① 合同生效后，勘察人因自身原因要求终止或解除合同；

② 因勘察原因不能按照合同约定的日期或合同当事人同意顺延的工期提交成果资料；

③ 因勘察人原因造成成果资料质量达不到合同约定的质量标准；

④ 勘察人不履行合同义务或未按约定履行合同义务的其他情形。

（4）勘察人违约责任

① 合同生效后，勘察人因自身原因要求终止或解除合同，勘察人应双倍返还发包人已支付的定金或勘察人按照专用合同条款约定向发包人支付违约金。

② 因勘察人原因造成工期延误的，应按专用合同条款约定向发包人支付违约金。

③ 因勘察人原因造成成果资料质量达不到合同约定的质量标准，勘察人应负责无偿给予补充完善使其达到质量合格。因勘察人原因导致工程质量安全事故或其他事故时，勘察人除负责采取补救措施外，应通过所投工程勘察责任保险向发包人承担赔偿责任或根据直接经济损失程度按专用合同条款中的约定向发包人支付赔偿金。

④ 勘察人发生其他违约情形时，勘察人应承担违约责任并赔偿因其违约给发包人造成的损失，双方可在专用合同条款内约定勘察人赔偿发包人损失的计算方法和赔偿金额。

5.3.1.5 争议解决

因本合同以及与本合同有关事项发生争议的，双方可以就争议自行和解。自行和解达成协议的，经签字并盖章后作为合同补充文件，双方均应遵照执行。如和解不成，双方可以就争议请求行政主管部门、行业协会或其他第三方进行调解。调解达成协议的，经签字并盖章后作为合同补充文件，双方均应遵照执行。

当事人不愿和解、调解或者和解、调解不成的，双方可以在专用合同条款内约定以下两种方式中的一种解决争议：

① 双方达成仲裁协议，向约定的仲裁委员会申请仲裁；

② 向有管辖权的人民法院起诉。

5.3.2 设计合同的履行管理

5.3.2.1 工程设计资料提供与责任

（1）提供工程设计资料

发包人应当在工程设计前或专用合同条款约定的时间向设计人提供工程设计所必需的工程设计资料，并对所提供资料的真实性、准确性和完整性负责。

按照法律规定确需在工程设计开始后方能提供的设计资料，发包人应及时地在相应工程设计文件提交给发包人前的合理期限内提供，合理期限应以不影响设计人的正常设计为限。

（2）逾期提供的责任

发包人提交上述文件和资料超过约定期限的，超过约定期限 15 天以内，设计人按本合同约定的交付工程设计文件时间相应顺延；超过约定期限 15 天以外时，设计人有权重新确定提交工程设计文件的时间。工程设计资料逾期提供导致增加了设计工作量的，设计人可以要求发包人另行支付相应设计费用，并相应延长设计周期。

5.3.2.2 工程设计要求

（1）对发包人的要求

发包人应当遵守法律和技术标准，不得以任何理由要求设计人违反法律和工程质量、安全标准进行工程设计，降低工程质量。

发包人要求进行主要技术指标控制的，钢材用量、混凝土用量等主要技术指标控制值应当符合有关工程设计标准的要求，且应当在工程设计开始前书面向设计人提出，经发包人与设计人协商一致后以书面形式确定作为本合同附件。

发包人应当严格遵守主要技术指标控制的前提条件，由于发包人的原因导致工程设计文件超出主要技术指标控制值的，发包人承担相应责任。

（2）对设计人的要求

设计人应当按法律和技术标准的强制性规定及发包人要求进行工程设计。有关工程设计的特殊标准或要求由合同当事人在专用合同条款中约定。

设计人发现发包人提供的工程设计资料有问题的，设计人应当及时通知发包人并经发包人确认。

除合同另有约定外，设计人完成设计工作所应遵守的法律以及技术标准，均应视为在基准日期适用的版本。基准日期之后，前述版本发生重大变化，或者有新的法律以及技术标准实施的，设计人应就推荐性标准向发包人提出遵守新标准的建议，对强制性的规定或标准应当遵照执行。因发包人采纳设计人的建议或遵守基准日期后新的强制性的规定或标准，导致增加设计费用和（或）设计周期延长的，由发包人承担。

设计人应当根据建筑工程的使用功能和专业技术协调要求，合理确定基础类型、结构体系、结构布置、使用荷载及综合管线等。

设计人应当严格执行其双方书面确认的主要技术指标控制值，由于设计人的原因导致工程设计文件超出在专用合同条款中约定的主要技术指标控制值比例的，设计人应当承担相应的违约责任。

设计人在工程设计中选用的材料、设备，应当注明其规格、型号、性能等技术指标及适应性，满足质量、安全、节能、环保等要求。

5.3.2.3 分包管理

（1）设计分包的一般约定

设计人不得将其承包的全部工程设计转包给第三人，或将其承包的全部工程设计肢解后以分包的名义转包给第三人。设计人不得将工程主体结构、关键性工作及专用合同条款中禁止分包的工程设计分包给第三人，工程主体结构、关键性工作的范围由合同当事人按照法律规定在专用合同条款中予以明确。设计人不得进行违法分包。

（2）设计分包的确定

设计人应按专用合同条款的约定或经过发包人书面同意后进行分包，确定分包人。按照合同约定或经过发包人书面同意后进行分包的，设计人应确保分包人具有相应的资质和能力。工程设计分包不减轻或免除设计人的责任和义务，设计人和分包人就分包工程设计向发包人承担连带责任。

（3）分包工程设计费

分包工程设计费由设计人与分包人结算，未经设计人同意，发包人不得向分包人支付分包工程设计费；生效的法院判决书或仲裁裁决书要求发包人向分包人支付分包工程设计费的，发包人有权从应付设计人合同价款中扣除该部分费用。

5.3.2.4 工程设计成果文件管理

工程设计文件的编制应符合法律、技术标准的强制性规定及合同的要求。工程设计依据应完整、准确、可靠，设计方案论证充分，计算成果可靠，并能够实施。工程设计文件的深度应满足本合同相应设计阶段的规定要求，并符合国家和行业现行有效的相关规定。工程设计文件必须保证工程质量和施工安全等方面的要求，按照有关法律法规规定在工程设计文件中提出保障施工作业人员安全和预防生产安全事故的措施建议。应根据法律、技术标准要求，保证房屋建筑工程的合理使用寿命年限，并应在工程设计文件中注明相应的合理使用寿命年限。

因设计人原因造成工程设计文件不合格的，发包人有权要求设计人采取补救措施，直至达到合同要求的质量标准，并按设计违约责任的约定承担责任。因发包人原因造成工程设计文件不合格的，设计人应当采取补救措施，直至达到合同要求的质量标准，由此增加的设计费用和（或）设计周期的延长由发包人承担。

5.3.2.5 进度管理

（1）进度计划与修改

设计人应按照专用合同条款约定提交工程设计进度计划，工程设计进度计划的编制应当符合法律规定和一般工程设计实践惯例，工程设计进度计划经发包人批准后实施。工程设计进度计划是控制工程设计进度的依据，发包人有权按照工程设计进度计划中列明的关键性控制节点检查工程设计进度情况。

工程设计进度计划中的设计周期应由发包人与设计人协商确定，明确约定各阶段设计任务的完成时间区间，包括各阶段设计过程中设计人与发包人的交流时间，但不包括相关政府部门对设计成果的审批时间及发包人的审查时间。

工程设计进度计划不符合合同要求或与工程设计的实际进度不一致的，设计人应向发包人提交修订的工程设计进度计划，并附具有关措施和相关资料。除专用合同条款对期限另有约定外，发包人应在收到修订的工程设计进度计划后 5 天内完成审核和批准或提出修改意见，否则视为发包人同意设计人提交的修订的工程设计进度计划。

（2）工程设计开始

发包人应按照法律规定获得工程设计所需的许可。发包人发出的开始设计通知应符合法律规定，一般应在计划开始设计日期7天前向设计人发出开始工程设计工作通知，工程设计周期自开始设计通知中载明的开始设计的日期起算。

设计人应当在收到发包人提供的工程设计资料及专用合同条款约定的定金或预付款后，开始工程设计工作。

各设计阶段的开始时间均以设计人收到的发包人发出开始设计工作的书面通知书中载明的开始设计的日期起算。

（3）工程设计进度延误

在合同履行过程中，发包人导致工程设计进度延误的情形主要有：

① 发包人未能按合同约定提供工程设计资料或所提供的工程设计资料不符合合同约定或存在错误或疏漏的；

② 发包人未能按合同约定日期足额支付定金或预付款、进度款的；

③ 发包人提出影响设计周期的设计变更要求的；

④ 专用合同条款中约定的其他情形。

因发包人原因未按计划开始设计日期开始设计的，发包人应按实际开始设计日期顺延完成设计日期。

除专用合同条款对期限另有约定外，设计人应在发生上述情形后5天内向发包人发出要求延期的书面通知，在发生该情形后10天内提交要求延期的详细说明供发包人审查。除专用合同条款对期限另有约定外，发包人收到设计人要求延期的详细说明后，应在5天内进行审查并就是否延长设计周期及延期天数向设计人进行书面答复。

如果发包人在收到设计人提交要求延期的详细说明后，在约定的期限内未予答复，则视为设计人要求的延期已被发包人批准。如果设计人未能按本款约定的时间内发出要求延期的通知并提交详细资料，则发包人可拒绝作出任何延期的决定。

发包人上述工程设计进度延误情形导致增加了设计工作量的，发包人应当另行支付相应设计费用。

因设计人原因导致工程设计进度延误的，设计人应当按照设计人违约责任相关规定承担责任。设计人支付逾期完成工程设计违约金后，不免除设计人继续完成工程设计的义务。

（4）暂停设计

因发包人原因引起暂停设计的，发包人应及时下达暂停设计指示。因发包人原因引起的暂停设计，发包人应承担由此增加的设计费用和（或）延长的设计周期。

因设计人原因引起的暂停设计，设计人应当尽快向发包人发出书面通知并按设计人违约责任承担责任，且设计人在收到发包人复工指示后15天内仍未复工的，视为设计人无法继续履行合同的情形，设计人应按合同解除的约定承担责任。

当出现非设计人原因造成的暂停设计，设计人应当尽快向发包人发出书面通知。

在上述情形下设计人的设计服务暂停，设计人的设计周期应当相应延长，复工应有发包人与设计人共同确认的合理期限。

导致设计人增加设计工作量的，发包人应当另行支付相应设计费用。

暂停设计后，发包人和设计人应采取有效措施积极消除暂停设计的影响。当工程具备复工条件时，发包人向设计人发出复工通知，设计人应按照复工通知要求复工。

除设计人原因导致暂停设计外，设计人暂停设计后复工所增加的设计工作量，发包人应当另行支付相应设计费用。

(5) 提前交付工程设计文件

发包人要求设计人提前交付工程设计文件的，发包人应向设计人下达提前交付工程设计文件指示，设计人应向发包人提交提前交付工程设计文件建议书，提前交付工程设计文件建议书应包括实施的方案、缩短的时间、增加的合同价格等内容。发包人接受该提前交付工程设计文件建议书的，发包人和设计人协商采取加快工程设计进度的措施，并修订工程设计进度计划，由此增加的设计费用由发包人承担。设计人认为提前交付工程设计文件的指示无法执行的，应向发包人提出书面异议，发包人应在收到异议后 7 天内予以答复。任何情况下，发包人不得压缩合理设计周期。

发包人要求设计人提前交付工程设计文件，或设计人提出提前交付工程设计文件的建议能够给发包人带来效益的，合同当事人可以在专用合同条款中约定提前交付工程设计文件的奖励。

5.3.2.6 支付管理

(1) 合同价款组成

发包人和设计人应当在专用合同条款中明确约定合同价款各组成部分的具体数额，主要包括：

① 工程设计基本服务费用；

② 工程设计其他服务费用；

③ 在未签订合同前发包人已经同意或接受或已经使用的设计人为发包人所做的各项工作的相应费用等。

定金的比例不应超过合同总价款的 20％。预付款的比例由发包人与设计人协商确定，一般不低于合同总价款的 20％。

(2) 定金或预付款的支付

定金或预付款的支付按照专用合同条款约定执行，但最迟应在开始设计通知载明的开始设计日期前专用合同条款约定的期限内支付。

发包人逾期支付定金或预付款超过专用合同条款约定的期限的，设计人有权向发包人发出要求支付定金或预付款的催告通知，发包人收到通知后 7 天内仍未支付的，设计人有权不开始设计工作或暂停设计工作。

(3) 进度款支付

发包人应当按照专用合同条款约定的付款条件及时向设计人支付进度款。在对已付进度款进行汇总和复核中发现错误、遗漏或重复的，发包人和设计人均有权提出修正申请。经发包人和设计人同意的修正，应在下期进度付款中支付或扣除。

(4) 合同价款的结算与支付

对于采取固定总价形式的合同，发包人应当按照专用合同条款的约定及时支付尾款。对于采取固定单价形式的合同，发包人与设计人应当按照专用合同条款约定的结算方式及时结清工程设计费，并将结清未支付的款项一次性支付给设计人。对于采取其他价格形式的，也应按专用合同条款的约定及时结算和支付。

5.3.2.7 违约责任

(1) 发包人违约责任

合同生效后，发包人因非设计人原因要求终止或解除合同，设计人未开始设计工作的，不退还发包人已付的定金或发包人按照专用合同条款的约定向设计人支付违约金；已开始设计工作的，发包人应按照设计人已完成的实际工作量计算设计费，完成工作量不足一半时，按该阶段设计费的一半支付设计费；超过一半时，按该阶段设计费的全部支付设计费。

发包人未按专用合同条款约定的金额和期限向设计人支付设计费的，应按专用合同条款约定向设计人支付违约金。逾期超过15天时，设计人有权书面通知发包人中止设计工作。自中止设计工作之日起15天内发包人支付相应费用的，设计人应及时根据发包人要求恢复设计工作；自中止设计工作之日起超过15天后发包人支付相应费用的，设计人有权确定重新恢复设计工作的时间，且设计周期相应延长。

发包人的上级或设计审批部门对设计文件不进行审批或本合同工程停建、缓建的，发包人应在事件发生之日起15天内按合同解除的约定向设计人结算并支付设计费。

发包人擅自将设计人的设计文件用于本工程以外的工程或交第三方使用时，应承担相应法律责任，并应赔偿设计人因此遭受的损失。

（2）设计人违约责任

合同生效后，设计人因自身原因要求终止或解除合同，设计人应按发包人已支付的定金金额双倍返还给发包人或设计人按照专用合同条款中的约定向发包人支付违约金。

由于设计人原因，未按专用合同条款约定的时间交付工程设计文件的，应按专用合同条款的约定向发包人支付违约金，前述违约金经双方确认后可在发包人应付设计费中扣减。

设计人对工程设计文件出现的遗漏或错误负责修改或补充。由于设计人原因产生的设计问题造成工程质量事故或其他事故时，设计人除负责采取补救措施外，应当通过所投建设工程设计责任保险向发包人承担赔偿责任或者根据直接经济损失程度按专用合同条款中的约定向发包人支付赔偿金。

由于设计人原因，工程设计文件超出发包人与设计人书面约定的主要技术指标控制值比例的，设计人应当按照专用合同条款中的约定承担违约责任。

设计人未经发包人同意擅自对工程设计进行分包的，发包人有权要求设计人解除未经发包人同意的设计分包合同，设计人应当按照专用合同条款的约定承担违约责任。

5.3.2.8 争议解决

合同当事人可以就争议自行和解，自行和解达成协议的经双方签字并盖章后作为合同补充文件，双方均应遵照执行。合同当事人也可以就争议请求相关行政主管部门、行业协会或其他第三方进行调解，调解达成协议的，经双方签字并盖章后作为合同补充文件，双方均应遵照执行。

因合同及合同有关事项产生的争议，合同当事人也可以在专用合同条款中直接约定以下两种方式中的一种解决争议：

① 向约定的仲裁委员会申请仲裁；

② 向有管辖权的人民法院起诉。

合同有关争议解决的条款独立存在，合同的变更、解除、终止、无效或者被撤销均不影响其效力。

5.3.3 施工图设计文件审查管理

（1）施工图设计文件审查的概念

《房屋建筑和市政基础设施工程施工图设计文件审查管理办法》（以下简称《施工图审查管理办法》）规定，国家实施施工图设计文件（含勘察文件，以下简称施工图）审查制度。

施工图审查，是指施工图审查机构（以下简称审查机构）按照有关法律、法规，对施工图涉及公共利益、公众安全和工程建设强制性标准的内容进行的审查。施工图审查应当坚持先勘察、后设计的原则。

施工图未经审查合格的，不得使用。从事房屋建筑工程、市政基础设施工程施工、监理等活动，以及实施对房屋建筑和市政基础设施工程质量安全监督管理，应当以审查合格的施工图为依据。

（2）施工图审查机构与内容

施工图审查机构是专门从事施工图审查业务，不以营利为目的的独立法人。施工图审查机构应当具备《施工图审查管理办法》所列条件，一般分为一类审查机构和二类审查机构。一类机构承接房屋建筑、市政基础设施工程施工图审查业务范围不受限制；二类机构可以承接中型及以下房屋建筑、市政基础设施工程的施工图审查。

房屋建筑、市政基础设施工程的规模划分，按照国务院住房和城乡建设主管部门的有关规定执行。

两类审查机构应当具备的条件参见《施工图审查管理办法》相关规定。

建设单位应当将施工图送审查机构审查，但审查机构不得与所审查项目的建设单位、勘察设计企业有隶属关系或者其他利害关系。

建设单位应当向审查机构提供下列资料并对所提供资料的真实性负责：

① 作为勘察、设计依据的政府有关部门的批准文件及附件；

② 全套施工图；

③ 其他应当提交的材料。

审查机构应当对施工图审查下列内容：

① 是否符合工程建设强制性标准；

② 地基基础和主体结构的安全性；

③ 是否符合民用建筑节能强制性标准，对执行绿色建筑标准的项目，还应当审查是否符合绿色建筑标准；

④ 勘察设计企业和注册执业人员以及相关人员是否按规定在施工图上加盖相应的图章和签字；

⑤ 法律、法规、规章规定必须审查的其他内容。

思　考　题

1. 什么是建设工程勘察和设计？

2. 设计合同的履行管理中，发包人的主要责任和义务有哪些？

3. 建设工程设计中对设计阶段如何划分？不同设计深度的基本要求是什么？

4. 施工图设计文件审查的主体和内容是什么？

第 **6** 章
建设工程施工合同管理

主要内容：建设工程施工合同概念、特征及示范文本；建设工程施工合同订立涉及的各方主体工作内容及主要责任；施工准备阶段、施工过程中及竣工阶段的合同管理。

教学要求：了解和熟悉施工合同概念、示范文本；掌握合同当事人一般权利义务；熟悉合同订立过程，熟悉图纸交付及责任，施工组织设计编制和审查，缺陷责任、竣工结算及工程保修的规定的做法；掌握预付款支付及扣回方式，施工过程的质量、进度、支付管理等，工程竣工验收条件和程序。

6.1 建设工程施工合同概述

6.1.1 建设工程施工合同概念和特点

建设工程施工合同是发包人与承包人就完成具体工程项目的建设施工、设备安装、设备调试、工程保修等工作内容，确定双方权利和义务的协议。施工合同是建设工程合同的一种，它与其他建设工程合同一样是双务有偿合同，在订立时应遵守自愿、公平、诚实信用等原则。

建设工程施工合同是建设工程的主要合同之一，其标的是将设计图纸变为满足功能、质量、进度、投资等发包人投资预期目的的建筑产品。

建设工程施工合同还具有以下特点。

（1）合同标的的特殊性

施工合同的标的是各类建筑产品，建筑产品是不动产，建造过程中往往受到自然条件、地质水文条件、社会条件、人为条件等因素的影响。这就决定了每个施工合同的标的物不同于工厂批量生产的产品，具有单件性的特点。所谓"单件性"是指不同地点建造的相同类型和级别的建筑，施工过程中所遇到的情况不尽相同，在甲工程施工中遇到的困难在乙工程不一定发生，而在乙工程施工中可能出现甲工程没有发生过的问题，相互间具有不可替代性。

（2）合同履行期限的长期性

建筑物的施工由于结构复杂、体积大、建筑材料类型多、工作量大，使得工期都较长（与一般工业产品的生产相比）。另外，由于合同履行过程中会受到不可抗力、法律政策的变化、市场价格的浮动等因素的影响，也会导致合同履行的期限延长。

（3）合同内容的复杂性

虽然施工合同的当事人只有两方，但施工合同履行过程中涉及工程项目参建的多方主体，施工合同内容的约定还需与设计合同、供货合同等其他相关合同相协调，增加了施工合同内容的复杂性。

6.1.2　建设工程施工合同价格形式

发包人和承包人应在合同协议书中选择下列一种合同价格形式。

（1）单价合同

单价合同是指合同当事人约定以工程量清单及其综合单价进行合同价格计算、调整和确认的建设工程施工合同，在约定的范围内合同单价不作调整。合同当事人应在专用合同条款中约定综合单价包含的风险范围和风险费用的计算方法，并约定风险范围以外的合同价格的调整方法，其中因市场价格波动引起的调整按合同中相应约定执行。

（2）总价合同

总价合同是指合同当事人约定以施工图、已标价工程量清单或预算书及有关条件进行合同价格计算、调整和确认的建设工程施工合同，在约定的范围内合同总价不作调整。合同当事人应在专用合同条款中约定总价包含的风险范围和风险费用的计算方法，并约定风险范围以外的合同价格的调整方法，其中因市场价格波动引起的调整按合同中相应约定执行。

（3）其他价格形式的合同

合同当事人可在专用合同条款中约定其他合同价格形式，比如成本加酬金合同、定额计价合同等。

6.1.3　建设工程施工合同管理的有关各方

（1）合同当事人

① 发包人　通用条款规定，发包人指在协议书中约定，具有工程发包主体资格和支付工程价款能力的当事人以及取得该当事人资格的合法继承人。

② 承包人　通用条款规定，承包人指在协议书中约定，被发包人接受具有工程施工承包主体资格的当事人以及取得该当事人资格的合法继承人。

从以上两个定义可以看出，施工合同签订后，当事人任何一方均不允许转让合同。因为承包人是发包人通过复杂的招标选中的实施者；发包人则是承包人在投标前出于对其信誉和支付能力的信任才参与竞争取得合同。因此，按照诚实信用原则，订立合同后，任何一方都不能将合同转让给第三者。所谓合法继承人是指因资产重组后，合并或分立后的法人或组织可以作为合同的当事人。

（2）工程师

施工合同示范文本定义的工程师包括监理单位委派的总监理工程师或者发包人指定的履行合同的负责人两种情况。

① 发包人委托的监理　发包人可以委托监理单位，全部或者部分负责合同的履行管理。监理单位委派的总监理工程师在施工合同中称为工程师。总监理工程师是经监理单位法定代表人授权，派驻施工现场监理组织的总负责人，行使监理合同赋予监理单位的权利和义务，全面负责受委托工程的监理工作。

发包人应当将委托的监理单位名称、工程师的姓名、监理内容及监理权限以书面形式通知承包人。除合同内有明确约定或经发包人同意外，负责监理的工程师无权解除承包人的任何义务。

② 发包人派驻代表　对于国家未规定实施强制监理的工程施工，发包人也可以派驻代表自行管理。

发包人派驻施工场地履行合同的代表在施工合同中也称工程师。发包人代表是经发包人单位法定代表人授权，派驻施工现场的负责人，其姓名、职务、职责在专用条款内约定，但职责不得与监理单位委派的总监理工程师职责相互交叉。双方职责发生交叉或不明确时，由发包人明确双方职责，并以书面形式通知承包方。

③ 工程师易人　施工过程中，如果发包人需要撤换工程师，应至少于易人前 7 天以书面形式通知承包人。后任继续履行合同文件的约定及前任的权利和义务，不得更改前任作出的书面承诺。

（3）建设工程施工合同形式

建设工程施工合同的形式是当事人意思表示一致的外在表现形式。一般认为，合同的形式可分为书面形式、口头形式和其他形式。口头形式是以口头语言形式表现合同内容的形式。书面形式是指合同书、新建和数据电文（包括电报、电传、传真、电子数据交换和电子邮件）等可以有形地表现所载内容的形式。其他形式则包括公证、审批、登记等形式。

如果以合同形式的产生依据划分，合同形式则可分为法定形式和约定形式。合同的法定形式是指法律直接规定合同应当采取的形式。如《合同法》规定建设工程合同应当采用书面形式，则当事人不能对合同形式加以选择。合同的约定形式是指法律没有对合同形式作出要求，当事人可以约定合同采用的形式。

6.1.4　建设工程施工合同示范文本

鉴于施工合同的内容复杂、涉及面宽，为了避免施工合同的编制者遗漏某些方面的重要条款，或条款约定责任不够公平合理，住房和城乡建设部与国家工商行政管理总局印发和推行建设工程施工合同示范文本，目前最新版本为《建设工程施工合同（示范文本）》（GF-2013-0201）（以下简称《示范文本》）。

施工合同文本的条款内容不仅涉及各种情况下双方的合同责任和规范化的履行管理程序，而且涵盖了非正常情况的处理原则，如变更、索赔、不可抗力、合同的被迫终止、争议的解决等方面。

《示范文本》中的条款属于推荐使用，应结合具体工程的特点加以取舍、补充，最终形成责任明确、操作性强的合同。

作为推荐使用的施工合同《示范文本》由合同协议书、通用合同条款、专业合同条款和附件四部分组成。

① 协议书。合同协议书是施工合同的总纲性法律文件，经过双方当事人签字盖章后合同即成立。《示范文本》合同协议书共计 13 条，主要包括工程概况、合同工期、质量标准、签约合同价和合同价格形式、项目经理、合同文件构成、承诺以及合同生效条件等重要内容，集中约定了合同当事人基本的合同权利义务。

② 通用合同条款。"通用"的含义是，所列条款的约定不区分具体工程的行业、地域、规模等特点，只要属于建筑安装工程均可适用。通用合同条款是合同当事人根据《中华人民共和国建筑法》《中华人民共和国合同法》等法律法规的规定，就工程建设的实施及相关事

项，对合同当事人的权利义务作出的原则性约定。

通用合同条款共计20条，具体条款分别为：一般约定、发包人、承包人、监理人、工程质量、安全文明施工与环境保护、工期和进度、材料与设备、试验与检验、变更、价格调整、合同价格、计量与支付、验收和工程试车、竣工结算、缺陷责任与保修、违约、不可抗力、保险、索赔和争议解决。前述条款安排既考虑了现行法律法规对工程建设的有关要求，也考虑了建设工程施工管理的特殊需要。

③ 专用合同条款。由于具体实施工程项目的工作内容各不相同，施工现场和外部环境条件各异，因此还必须有反映招标工程具体特点和要求的专用合同条款的约定。

专用合同条款是对通用合同条款原则性约定的细化、完善、补充、修改或另行约定的条款。合同当事人可以根据不同建设工程的特点及具体情况，通过双方的谈判、协商对相应的专用合同条款进行修改补充。在使用专用合同条款时，应注意以下事项：

a. 专用合同条款的编号应与相应的通用合同条款的编号一致；

b. 合同当事人可以通过对专用合同条款的修改，满足具体建设工程的特殊要求，避免直接修改通用合同条款；

c. 在专用合同条款中有横道线的地方，合同当事人可针对相应的通用合同条款进行细化、完善、补充、修改或另行约定；如无细化、完善、补充、修改或另行约定，则填写"无"或画"/"。

④ 附件。附件包括协议书附件和专用合同条款附件。协议书附件为"承包人承揽工程项目一览表"，专用合同条款附件包括"发包人供应材料设备一览表""工程质量保修书""主要建设工程文件目录""承包人用于本工程施工的机械设备表""承包人主要施工管理人员表"等十个附件。

6.1.5 我国建设工程施工合同管理体制

虽然发包人和承包人订立和履行合同属于当事人自主的市场行为，但建筑工程涉及国家和地区国民经济发展计划的实现，与人民生命财产的安全密切相关，因此必须符合法律和法规的有关规定。

6.1.5.1 建设行政主管机关对施工合同的监督管理

建设行政主管部门主要从质量和安全的角度对工程项目进行监管。主要有以下职责。

（1）颁布规章

依据国家法律颁布相应的规章，规范建筑市场有关各方的行为，包括推行合同范本制度。

（2）批准工程项目的建设

工程项目的建设，发包人必须履行工程项目报建手续，获取施工许可证，以及取得规划许可和土地使用权的许可。建设项目申请施工许可证应具备以下条件：

① 已经办理该建筑工程用地批准手续。

② 在城市规划区的建筑工程，已经取得建设工程规划许可证。

③ 施工场地已经基本具备施工条件，需要拆迁的，其拆迁进度符合施工要求。

④ 已经确定施工企业。按照规定应该招标的工程没有招标，应该公开招标的工程没有公开招标，或者肢解发包工程，以及将工程发包给不具备相应资质条件的，所确定的施工企业无效。

⑤ 已满足施工需要的施工图纸及技术资料，施工图设计文件已按规定进行了审查。

⑥ 有保证工程质量和安全的具体措施。施工企业编制的施工组织设计中有根据建筑工程特点制订的相应质量、安全技术措施，专业性较强的工程项目编制的专项质量、安全施工组织设计，并按照规定办理了工程质量、安全监督手续。

⑦ 按照规定应该委托监理的工程已委托监理。

⑧ 建设资金已落实。建设工期不足一年的，到位资金原则上不得少于工程合同价的50％，建设工期超过1年的，到位资金原则上不少于工程合同价的30％。建设单位应当提供银行出具的到位资金证明，有条件的可以实行银行付款保函或者其他第三方担保。

⑨ 法律、行政法规规定的其他条件。

（3）对建设活动实施监督

① 对招标申请报送材料进行审查；

② 对中标结果和合同的备案审查；

③ 对工程开工前报送的发包人指定的施工现场总代表人和承包人指定的项目经理的备案材料进行审查；

④ 竣工验收程序和坚定报告的备案审查；

⑤ 竣工的工程资料备案等。

备案是指这些活动由合同当事人在行政法规要求的条件下自主进行，并将报告或资料提交建设行政主管部门，行政主管部门审查未发现存在违法、违规情况，则当事人的行为有效，将其资料存档。如果发现有问题，则要求当事人予以改正。因此备案不同于批准，当事人享有更多的自主权。

6.1.5.2 质量监督机构对合同履行的监督

工程质量监督机构是接受建设行政主管部门的委托，负责监督工程质量的中介组织。工程招标工作完成后，领取开工证之前，发包人应到工程所在地的质量监督机构办理质量监督登记手续。质量监督机构对合同履行的工作的监督，分为对工程参建各方质量行为的监督和对建设工程的实体质量监督两个方面。

（1）对工程参建各方主体质量行为的监督

① 对建设单位质量行为的监督。主要包括。

a. 工程项目报建审批手续是否齐全。

b. 基本建设程序符合有关要求并按规定进行了施工图审查；以及按规定委托监理单位或建设单位自行管理的工程建立工程项目管理机构，配备了相应的专业技术人员。

c. 无明示或者暗示勘察，无设计单位、监理单位、施工单位违反强制性标准，无降低工程质量和迫使承包商任意压缩合理工期等行为。

d. 按合同规定，由建设单位采购的建材、构配件和设备必须符合质量要求。

② 对监理单位质量行为的监督。主要包括：

a. 监理的工程项目有监理委托手续及合同，监理人员资格证书与承担的任务相符；

b. 工程项目的监理机构专业人员配套，责任制落实；

c. 现场监理采取旁站、巡视和平行检验等形式；

d. 制订监理规划，并按照监理规划进行监理；

e. 按照国家强制性标准或操作工艺对分项工程或工序及时进行验收签认；

f. 对现场发现的使用不合格材料、构配件、设备的现象和发生的质量事故，及时督促、配合责任单位调查处理。

③ 对施工单位质量行为的监督。主要包括：

a. 所承担的任务与其资质相符，项目经理与中标书中相一致，有施工承包手续及合同；

b. 项目经理、技术负责人、质检员等专业技术管理人员配套，并具有相应资格及上岗证书；

c. 有经过批准的施工组织设计或施工方案并能贯彻执行；

d. 按有关规定进行各种检测，对工程施工中出现的质量事故按有关文件要求及时如实上报和认真处理；

e. 无违法分包、转包工程项目的行为。

（2）对建设工程的实体质量的监督

实体质量监督以抽查方式为主，并辅以科学的检测手段。地基基础实体必须经监督检查后方可进行主体结构施工；主体结构实体必须经监督检查后方可进行后续工程施工。

① 地基及基础工程抽查的主要内容。包括：

a. 质量保证及见证取样送检检测资料；

b. 分项、分部工程质量或评定资料及隐蔽工程验收记录；

c. 地基检测报告和地基验槽记录；

d. 抽查基础砌体、混凝土和防水等施工质量。

② 主体结构工程抽查的主要内容。包括：

a. 质量保证及见证取样送检检测资料；

b. 分项、分部工程质量评定资料及隐蔽工程验收记录；

c. 结构安全重点部位的砌体、混凝土、钢筋施工质量抽查情况和检测；

d. 混凝土构件、钢结构构件制作和安装质量。

③ 竣工工程抽查的主要内容。包括：

a. 工程质量保证资料及有关见证取样检测报告；

b. 分项、分部和单位工程质量评定资料和隐蔽工程验收记录；

c. 地基基础、主体结构及工程安全检测报告和抽查检测；

d. 水、电、暖、通等工程重要部位、使用功能试验资料及使用功能抽查检测记录；

e. 工程观感质量。

（3）工程竣工验收的监督

建设工程质量监督机构在工程竣工验收监督时，重点对工程竣工验收的组织形式、验收程序、执行验收规范情况等实行监督。

6.1.5.3 金融机构对施工合同的管理

金融机构对施工合同的管理，是通过对信贷管理、结算管理、当事人的账户管理进行的。金融机构还有义务协助执行已生效的法律文书，保护当事人的合法权益。

6.2 建设工程施工合同的订立

6.2.1 建设工程施工合同当事人

建设工程施工合同当事人包括发包人和承包人。

（1）发包人

通用条款规定，发包人指在协议书中约定，具有工程发包主体资格和支付工程价款能力的当事人以及取得该当事人资格的合法继承人。

（2）承包人

通用条款规定，承包人指在协议书中约定，被发包人接受具有工程施工承包主体资格的当事人以及取得该当事人资格的合法继承人。

按照诚实信用原则，订立合同后，任何一方都不能将合同转让给第三者。所谓合法继承人是指因资产重组后，合并或分立后的法人或组织可以作为合同的当事人。

6.2.2　对施工合同当事人有约束力的合同文件

（1）合同文件的组成

在合同协议书和通用合同条款中规定，对合同当事人双方有约束力的合同文件包括签订合同时已形成的文件和履行过程中构成对双方有约束力的文件两大部分。

订立合同时已经形成的文件包括：

① 中标通知书（如果有）；

② 投标函及其附录（如果有）；

③ 专用合同条款及其附件；

④ 通用合同条款；

⑤ 技术标准和要求；

⑥ 图纸；

⑦ 已标价工程量清单或预算书；

⑧ 其他合同文件。

在合同订立及履行过程中形成的与合同有关的文件均构成合同文件组成部分。上述各项合同文件包括合同当事人就该项合同文件所作出的补充和修改，属于同一类内容的文件，应以最新签署的为准。专用合同条款及其附件须经合同当事人签字或盖章。

（2）对合同文件中矛盾或歧义的解释

① 合同文件的优先解释次序　通用条款规定，上述合同文件原则上应能够互相解释、互相说明。但当合同文件中出现含糊不清或不一致时，上面各文件的序号就是合同的优先解释顺序。由于履行合同时双方达成一致的洽商、变更等书面协议发生时间在后，且经过当事人签署，因此作为协议书的组成部分，排序放在第一位。如果双方不同意这种次序安排，可以在专用条款内约定本合同的文件组成和解释次序。

② 合同文件出现矛盾或歧义的处理程序　按照通用条款的规定，当合同文件内容含糊不清或不一致时，在不影响工程正常进行的情况下，由发包人和承包人协商解决。双方也可以提请负责监理的工程师作出的解释。双方协商不成或不同意负责监理的工程师解释时，按合同约定的解决争议的方式处理。对于实行"小业主、大监理"的工程，可以在专用条款中约定工程师作出的解释对双方都有约束力，如果任何一方不同意工程师的解释，再按合同争议的方式解决。

6.2.3　施工合同订立的条件和原则

（1）施工合同订立的条件

施工合同订立应具备以下几个条件：

① 初步设计已经批准；

② 项目已列入年度建设计划；

③ 有能够满足施工需要的设计文件、技术资料；

④ 建设资金与主要设备来源已基本落实；

⑤ 招投标的工程中标通知书已下达。

（2）施工合同订立的原则

施工合同订立应当和其他合同一样遵循平等、自愿、公平、诚实信用、合法原则。

① 平等原则　施工合同当事人的法律地位平等，一方不得将自己的意志强加给另一方。

② 自愿原则　施工合同当事人依法享有自愿订立合同的权利，任何单位或个人不得非法干预。

③ 公平原则　施工合同当事人应当遵循公平原则确定各方权利与义务。包括：要根据公平原则确定承发包双方的权利和义务，不得欺诈，不得假借订立合同恶意进行磋商；根据公平原则确定风险的合理分配；根据公平原则确定违约责任。

④ 诚实信用原则　施工合同当事人行使权利、履行义务应当遵循诚实信用原则。

⑤ 合法原则　施工合同当事人订立、履行合同，应当遵守法律、行政法规，尊重社会公德，不得扰乱社会经济秩序，损害社会公共利益。

6.2.4　施工合同订立的过程

承包人与发包人订立建设工程施工合同应符合下列程序：

① 接受中标通知书；

② 组成包括项目经理的谈判小组；

③ 草拟合同专用条件；

④ 谈判；

⑤ 参照发包人拟定的合同条件或建筑工程施工合同示范文本与发包人订立建设工程施工合同；

⑥ 合同双方在合同管理部门备案并缴纳印花税。

6.3　建设工程施工合同履行管理

6.3.1　建设工程施工准备阶段的合同管理

6.3.1.1　施工图纸

（1）发包人提供的图纸

我国目前的建设工程项目通常由发包人委托设计单位负责，在工程准备阶段应完成施工图设计文件的审查。施工图经过工程师审核签认后，在合同约定的日期前发放给承包人，以保证承包人及时编制施工进度计划和组织施工。施工图纸可以一次提供，也可以各单位工程开始施工前分阶段提供，只要符合专用条款的约定，不影响承包人按时开工即可。

发包人应免费按专用条款约定的份数供应承包人图纸。承包人要求增加图纸套数时，发包人应代为复制，但复制费用由承包人承担。发放承包人的图纸中，应在施工现场保留一套完整图纸供工程师及有关人员进行工程检查时使用。

（2）承包人负责设计的图纸

有些情况下承包人享有专利权的施工技术，若具有设计资质和能力，可以由其完成部分施工图纸的设计，或由其委托设计分包人完成。在承包工作范围内，包括部分由承包人负责设计的图纸，则应在合同约定的时间内将按规定的审查程序批准的设计文件提交工程师审核，经过工程师签认后才可以使用。但工程师对承包人设计的认可，不能解除承包人的设计责任。

6.3.1.2 施工进度计划

就合同工程的施工组织而言，招标阶段承包人在投标文件内提交的施工方案或施工组织设计的深度相对较浅，签订合同后通过对现场的进一步考察和工程交底，对工程的施工有了更深入的了解，因此，承包人应当在专用条款约定的日期，将施工组织设计和施工进度计划提交给工程师。群体工程中采取分阶段进行施工的单项工程，承包人则应按照发包人提供图纸及有关资料的时间，按单项工程编制进度计划，分别向工程师提交。

工程师接到承包人提交的进度计划后，应当予以确认或者提出修改意见，时间限制则由双方在专用条款中约定。如果工程师逾期不确认也不提出书面意见，则视为已经同意。工程师对进度计划和对承包人施工季度的认可，不免除承包人对施工组织设计和工程进度计划本身的缺陷所应承担的责任。进度计划经工程师予以认可的主要目的，是作为发包人和工程师依据计划进行协调和对施工进度控制的依据。

6.3.1.3 双方做好施工前的有关准备工作

开工前，合同双方还应当做好其他各项准备工作。如发包人应当按照专用条款的规定使施工现场具备施工条件、开通施工现场公共道路，承包人应做好施工人员和设备的调配工作。

对工程师而言，特别需要做好水准点与坐标控制点的交验，按时提供标准、规范。为了能够按时向承包人提供设计图纸，工程师可能还需要做好设计单位的协调工作，按照专用条款的约定组织图纸会审和设计交底。

6.3.1.4 开工

（1）开工准备

除专用合同条款另有约定外，承包人应按照施工组织设计约定的期限，向监理人提交工程开工报审表，经监理人报发包人批准后执行。开工报审表应详细说明按施工进度计划正常施工所需的施工道路、临时设施、材料、工程设备、施工设备、施工人员等落实情况以及工程的进度安排。

除专用合同条款另有约定外，合同当事人应按约定完成开工准备工作。

（2）开工通知

发包人应按照法律规定获得工程施工所需的许可。经发包人同意后，监理人发出的开工通知应符合法律规定。监理人应在计划开工日期7天前向承包人发出开工通知，工期自开工通知中载明的开工日期起算。

除专用合同条款另有约定外，因发包人原因造成监理人未能在计划开工日期之日起90天内发出开工通知的，承包人有权提出价格调整要求，或者解除合同。发包人应当承担由此增加的费用和（或）延误的工期，并向承包人支付合理利润。

（3）延期开工

承包人应在专用条款约定的时间按时开工，以便保证在合理工期内及时竣工。但在特殊情况下，工程的准备工作不具备开工条件，则应按合同约定区分延期开工的责任。

① 承包人要求的延期开工　如果是承包人要求的延期开工，则工程师有权批准是否同意延期开工。

承包人不能按时开工，应在不迟于协议书约定的开工日前7天，以书面形式向工程师提出延期开工的理由和要求。工程师在接到延期开工申请后的48小时内未予答复，视为同意承包人的要求，工期相应顺延。如果工程师不同意延期要求，工期不予顺延。如果承包人未在规定时间内提出延期开工要求，工期也不予顺延。

② 发包人原因的延期开工　因发包人的原因施工现场尚不具备施工的条件，影响了承包人不能按照协议书约定的日期开工时，工程师应以书面形式通知承包人推迟开工日期。发包人应当赔偿承包人因此造成的损失，相应顺延工期。

6.3.1.5 工程的分包

（1）分包的一般规定

承包人不得将其承包的全部工程转包给第三人，或将其承包的全部工程肢解后以分包的名义转包给第三人。承包人不得将工程主体结构、关键性工作及专用合同条款中禁止分包的专业工程分包给第三人，主体结构、关键性工作的范围由合同当事人按照法律规定在专用合同条款中予以明确。

承包人不得以劳务分包的名义转包或违法分包工程。

（2）分包的确定

承包人应按专用合同条款的约定进行分包，确定分包人。已标价工程量清单或预算书中给定暂估价的专业工程，按照施工合同范本"暂估价"条款确定分包人。按照合同约定进行分包的，承包人应确保分包人具有相应的资质和能力。工程分包不减轻或免除承包人的责任和义务，承包人和分包人就分包工程向发包人承担连带责任。除合同另有约定外，承包人应在分包合同签订后7天内向发包人和监理人提交分包合同副本。

（3）分包管理

经过发包人同意的分包工程，承包人选择的分包人需要提请工程师同意。工程师主要审查分包人是否具备实施分包工程的资质和能力，未经工程师同意的分包人不得进入现场参与施工。

承包人应向监理人提交分包人的主要施工管理人员表，并对分包人的施工人员进行实名制管理，包括但不限于进出场管理、登记造册以及各种证照的办理。

虽然对分包的工程部位而言涉及两个合同，即发包人与承包人签订的施工合同和承包人与发包人签订的分包合同，但工程分包不能解除承包人对发包人应承担的该工程部位施工的合同义务。

（4）分包合同价款

① 除下述第2条约定的情况或专用合同条款另有约定外，分包合同价款由承包人与分包人结算，未经承包人同意，发包人不得向分包人支付分包工程价款；

② 生效法律文书要求发包人向分包人支付分包合同价款的，发包人有权从应付承包人工程款中扣除该部分款项。

（5）分包合同权益的转让

分包人在分包合同项下的义务持续到缺陷责任期届满以后的，发包人有权在缺陷责任期届满前，要求承包人将其在分包合同项下的权益转让给发包人，承包人应当转让。除转让合同另有约定外，转让合同生效后，由分包人向发包人履行义务。

6.3.1.6 工程预付款

（1）预付款的支付

预付款的支付按照专用合同条款约定执行，但最迟应在开工通知载明的开工日期7天前支付。预付款应当用于材料、工程设备、施工设备的采购及修建临时工程、组织施工队伍进场等。

除专用合同条款另有约定外，预付款在进度付款中同比例扣回。在颁发工程接收证书前，提前解除合同的，尚未扣完的预付款应与合同价款一并结算。

发包人逾期支付预付款超过7天的，承包人有权向发包人发出要求预付的催告通知，发包人收到通知后7天内仍未支付的，承包人有权暂停施工，并按施工合同中"发包人违约的情形"规定执行。

（2）预付款担保

发包人要求承包人提供预付款担保的，承包人应在发包人支付预付款7天前提供预付款担保，专用合同条款另有约定的除外。预付款担保可采用银行保函、担保公司担保等形式，具体由合同当事人在专用合同条款中约定。在预付款完全扣回之前，承包人应保证预付款担保持续有效。

发包人在工程款中逐期扣回预付款后，预付款担保额度应相应减少，但剩余的预付款担保金额不得低于未被扣回的预付款金额。

6.3.2 建设工程施工过程的合同管理

6.3.2.1 对材料和设备的质量控制

为了保证工程项目达到投资建设的预期目的，确保工程质量至关重要。对工程质量进行严格控制，应从使用的材料质量控制开始。

（1）发包人供应材料与工程设备

发包人自行供应材料、工程设备的，应在签订合同时在专用合同条款的附件"发包人供应材料设备一览表"中明确材料、工程设备的品种、规格、型号、数量、单价、质量等级和送达地点。

承包人应提前三十天通过监理人以书面形式通知发包人供应材料与工程设备进场。承包人如修订施工进度计划时，需同时提交经修订后的发包人供应材料与工程设备的进场计划。

发包人应按发包人供应材料设备一览表约定的内容提供材料和工程设备，并向承包人提供产品合格证明及出厂证明，对其质量负责。发包人应提前24小时以书面形式通知承包人、监理人材料和工程设备到货时间，承包人负责材料和工程设备的清点、检验和接收。清点的工作主要包括外观质量检查；对照发货单证进行数量清点（检斤、检尺）；大宗建筑材料进行必要的抽样检验（物理、化学实验）等。

发包人供应的材料设备与约定不符时，应当由发包人承担有关责任。视具体情况不同，按照以下原则处理：

① 材料设备单价与合同约定不符时，由发包人承担所有差价。

② 材料设备种类、规格、型号、数量、质量等级与合同约定不符时，承包人可以拒绝

接收保管，由发包人运出施工场地并重新采购。

③ 发包人供应材料的规格、型号与合同约定不符时，承包人可以代为调剂串换，发包方承担相应的费用。

④ 到货地点与合同约定不符时，发包人负责运至合同约定的地点。

⑤ 供应数量少于合同约定的数量时，发包人将数量补齐；多于合同约定的数量时，发包人负责将多出部分运出施工场地。

⑥ 到货时间早于合同约定时间，发包人承担因此发生的保管费用；到货时间迟于合同约定的供应时间，由发包人承担相应的追加合同价款。发生延误，相应顺延工期，发包人赔偿由此给承包人造成的损失。

（2）承包人采购材料与工程设备

承包人负责采购材料、工程设备的，应按照设计和有关标准要求采购，并提供产品合格证明及出厂证明，对材料、工程设备质量负责。合同约定由承包人采购的材料、工程设备，发包人不得指定生产厂家或供应商，发包人违反本款约定指定生产厂家或供应商的，承包人有权拒绝，并由发包人承担相应责任。

承包人采购的材料和工程设备，应保证产品质量合格，承包人应在材料和工程设备到货前24小时通知监理人检验。承包人进行永久设备、材料的制造和生产的，应符合相关质量标准，并向监理人提交材料的样本以及有关资料，并应在使用该材料或工程设备之前获得监理人同意。

承包人采购的材料和工程设备不符合设计或有关标准要求时，承包人应在监理人要求的合理期限内将不符合设计或有关标准要求的材料、工程设备运出施工现场，并重新采购符合要求的材料、工程设备，由此增加的费用和（或）延误的工期，由承包人承担。

（3）材料和设备的使用前检验

为了防止材料和设备在现场储存时间过长或保管不善而导致质量的降低，应在用于永久工程施工前进行必要的检查试验。按照材料设备的供应义务，对合同责任作了如下区分。

① 发包人供应材料设备　发包人供应的材料设备进入施工现场后需要在使用前检验或者试验的，由承包人负责检查试验，费用由发包人负责。按照合同对质量责任的约定，此次检查试验通过后，仍不能解除发包人供应材料设备存在的质量缺陷责任。即承包人检验通过之后，如果又发现材料设备的质量问题时，发包人仍应承担重新采购及拆除重建的追加合同价款，并相应顺延由此延误的工期。

② 承包人负责采购的材料和设备

a. 采购材料设备在使用前，承包人应按工程师的要求进行检验或实验，不合格的不得使用，检验或试验费用由承包人承担。

b. 工程师发现承包人采购并使用不符合设计或标准要求的材料设备时，应要求由承包人负责修复、拆除或重新采购，并承担发生的费用，由此延误的工期不予顺延。

c. 承包人需要使用代用材料时，应经工程师认可后才能使用，由此增减的合同价款双方以书面形式议定。

d. 由承包人采购的材料设备，发包人不得指定生产厂或供应商。

6.3.2.2 对施工质量的监督管理

工程师在施工过程中应采用巡视、旁站、平行检验等方式监督检查承包人的施工工艺和产品质量，对建筑产品的生产过程进行严格控制。

（1）工程质量标准

工程质量标准必须符合现行国家有关工程施工质量验收规范和标准的要求。有关工程质量的特殊标准或要求由合同当事人在专用合同条款中约定。

因发包人原因造成工程质量未达到合同约定标准的，由发包人承担由此增加的费用和（或）延误的工期，并支付承包人合理的利润。

因承包人原因造成工程质量未达到合同约定标准的，发包人有权要求承包人返工直至工程质量达到合同约定的标准为止，并由承包人承担由此增加的费用和（或）延误的工期。

（2）质量保证措施

① 发包人的质量管理　发包人应按照法律规定及合同约定完成与工程质量有关的各项工作。

② 承包人的质量管理　承包人按照施工组织设计约定向发包人和监理人提交工程质量保证体系及措施文件，建立完善的质量检查制度，并提交相应的工程质量文件。对于发包人和监理人违反法律规定和合同约定的错误指示，承包人有权拒绝实施。

承包人应对施工人员进行质量教育和技术培训，定期考核施工人员的劳动技能，严格执行施工规范和操作规程。

承包人应按照法律规定和发包人的要求，对材料、工程设备以及工程的所有部位及其施工工艺进行全过程的质量检查和检验，并做详细记录，编制工程质量报表，报送监理人审查。此外，承包人还应按照法律规定和发包人的要求，进行施工现场取样试验、工程复核测量和设备性能检测，提供试验样品、提交试验报告和测量成果以及其他工作。

③ 监理人的质量检查和检验　监理人按照法律规定和发包人授权对工程的所有部位及其施工工艺、材料和工程设备进行检查和检验。承包人应为监理人的检查和检验提供方便，包括监理人到施工现场，或制造、加工地点，或合同约定的其他地方进行察看和查阅施工原始记录。监理人为此进行的检查和检验，不免除或减轻承包人按照合同约定应当承担的责任。

监理人的检查和检验不应影响施工正常进行。监理人的检查和检验影响施工正常进行的，且经检查检验不合格的，影响正常施工的费用由承包人承担，工期不予顺延；经检查检验合格的，由此增加的费用和（或）延误的工期由发包人承担。

如果双方对工程质量有争议，由专用条款约定的工程质量监督部门鉴定，所需费用及造成的损失，由责任方承担。双方均有责任的，由双方依据其责任分别承担。

6.3.2.3　隐蔽工程与重新检验

由于隐蔽工程在施工中一旦完成隐蔽，将很难再对其进行质量检查（这种检查往往成本很大），因此必须在隐蔽前进行检查验收。对于中间验收，应在专用条款中约定，对需要进行中间验收的单项工程和部位及时进行检查、试验，不应影响后续工程的施工。发包人应为检验和试验提供便利条件。

（1）检验程序

① 承包人自检　工程具备隐蔽条件或达到专用条款约定的中间验收部位，承包人进行自检，并在隐蔽或中间验收前 48 小时以书面形式通知工程师验收。通知包括隐蔽和中间验收的内容、验收时间和地点。承包人准备验收记录。

② 共同检验　工程师接到承包人的请求验收通知后，应在通知约定的时间与承包人共同进行检查或试验。检测结果表明质量验收合格，经工程师在验收记录上签字后，承包人可进行工程隐蔽和继续施工。验收不合格，承包人应在工程师限定的时间内修改后重新验收。

如果工程师不能按时进行验收，应在承包人通知的验收时间前 24 小时，以书面形式向承包人提出延期验收要求，但延期不能超过 48 小时。

若工程师未能按以上时间提出延期要求，又未按时参加验收，承包人可自行组织验收。承包人经过验收的检查、试验程序后，将检查、试验记录送交工程师。本次检查视为工程师在场情况下进行的验收，工程师应承认验收记录的正确性。

经工程师验收，工程质量符合标准、规范和设计图纸等要求，验收 24 小时后，工程师不在验收记录上签字，视为工程师已经认可验收记录，承包人可进行隐蔽或继续施工。

（2）重新检验

无论工程师是否参加了验收，当其对某部分的工程质量有怀疑，均可要求承包人对已经隐蔽的工程进行重新检验。承包人接到通知后，应按要求进行剥离或开孔，并在检验后重新覆盖或修复。

重新检验表明质量合格，发包人承担由此发生的全部追加合同价款，赔偿承包人损失，并相应顺延工期；检验不合格，承包人承担发生的全部费用，工期不予顺延。

（3）承包人私自覆盖

承包人未通知监理人到场检查，私自将工程隐蔽部位覆盖的，监理人有权指示承包人钻孔探测或揭开检查，无论工程隐蔽部位质量是否合格，由此增加的费用和（或）延误的工期均由承包人承担。

6.3.2.4　施工进度管理

工程开工后，合同履行即进入施工阶段，直至工程竣工。这一阶段工程师进行进度管理的主要任务是控制施工工作按进度计划执行，确保施工任务在规定的合同工期内完成。

（1）施工进度计划的编制

承包人应按照施工组织设计约定提交详细的施工进度计划，施工进度计划的编制应当符合国家法律规定和一般工程实践惯例。

（2）施工进度计划的审批

① 监理工程师接到承包人递交的总体工程进度计划应组织有关人员进行审查，在合同规定或 14 天内审查完毕，报业主核查和批复。

② 监理工程师接到承包人递交的年度工程进度计划应组织有关人员进行审查，在 14 天内批复，并报业主备案。

③ 监理工程师接到承包人递交的月、旬工程进度计划后应立即组织有关人员进行审批，本月、旬最后一天之前批复下个月、旬进度计划并报业主备案。

施工进度计划经批准后实施。施工进度计划是控制工程进度的依据，发包人和监理人有权按照施工进度计划检查工程进度情况。

（3）按计划施工

开工后，承包人应按照工程师确认的施工进度计划组织施工，接收工程师对进度的检查、监督。一般情况下，工程师每月均应检查一次承包人的进度计划执行情况，由承包人提交一份上月进度计划执行情况和本月的施工方案和措施。同时，工程师还应进行必要的现场实地检查。

（4）承包人修改进度计划

实际施工过程中，由于受到外界环境条件、人为条件、现场情况等的限制，经常出现与承包人开工前编制施工进度计划时预计的施工条件有出入的情况，导致实际施工进度与计划进度不符。不管实际进度是超前还是滞后于计划进度，只要与计划进度不符，工程师都有权通知承包人修改进度计划，以便更好地进行后续施工的协调管理。承包人应当按照工程师的要求修改进度计划并提出相应措施，经工程师确认后执行。

因承包人自身的原因造成工程实际进度滞后于计划进度的，所有后果都应由承包人自行承担。工程师不对确认后的改进措施效果负责，这种确认并不是工程师对工程延期的批准，而仅仅是要求承包人在合理的状态下施工。因此，修改后的计划如果不能按工期完工，承包人仍应承担相应的违约责任。

（5）暂停施工

① 工程师指示的暂停施工　在施工过程中，有些情况会导致暂停施工。虽然暂停施工会影响工程进度，但在工程师确认有必要时，可以根据现场的实际情况发布暂停施工的指示。发出暂停施工指示的起因可能是以下情况。

a. 外部条件的变化。如后续法规政策的变化导致工程停、缓建；地方法规要求某一时间段内不允许施工等。

b. 发包人应承担责任的原因。如发包人未能按时完成后续施工现场或通道的移交工作；发包人订购的货物不能按时到货；施工中遇到有考古价值的文物或古迹需要进行现场保护。

c. 协调管理的原因。如在现场的几个独立承包人出现施工交叉干扰，工程师需要进行必要的协调。

d. 承包人的原因。发现施工质量不合格，施工方法可能危及现场或毗邻建筑物或人身安全等。

不论发生上述何种情况，工程师应当以书面形式通知承包人暂停施工，并在发出暂停施工后的 48 小时内提出书面处理意见。承包人应当按照工程师的要求停止施工，并妥善保护已完工工程。

承包人实施工程师作出的处理意见后，可提出书面复工要求。工程师应在收到复工要求通知后的 48 小时内给予相应的答复。如果工程师未能在规定的时间内提出处理意见，或收到承包人复工要求后 48 小时内未予答复，承包人可以自行复工。

停工责任在发包人，由发包人承担所发生的追加合同价款，赔偿承包人由此造成的损失，相应顺延工期；如果停工责任在承包人，由承包人承担发生的费用，工期不予顺延。如果因工程师未及时作出答复，导致承包人无法复工，由发包人承担违约责任。

② 由于发包人不能按时支付的暂停施工　发包人出现以下两种不按时支付的情况，承包人可以行使抗辩权，有暂停施工的权利：

a. 延误支付预付款。发包人不按时支付预付款，承包人在约定时间 7 天后向发包人发出预付通知。

b. 拖欠工程进度款。发包人不按合同规定及时向承包人支付工程进度款且双方又未达成延期付款协议，导致施工无法进行时，承包人可以停止施工，由发包人承担违约责任。

（6）工期延误

施工过程中，由于社会条件、人为条件、自然条件和管理水平等因素的影响，可能导致工期延误不能按时竣工。

① 因发包人原因导致工期延误　在合同履行过程中，因下列情况导致工期延误和（或）费用增加的，由发包人承担由此延误的工期和（或）增加的费用，且发包人应支付承包人合理的利润：

a. 发包人未能按合同约定提供图纸或所提供图纸不符合合同约定的；

b. 发包人未能按合同约定提供施工现场、施工条件、基础资料、许可、批准等开工条件的；

c. 发包人提供的测量基准点、基准线和水准点及其书面资料存在错误或疏漏的；

d. 发包人未能在计划开工日期之日起 7 天内同意下达开工通知的；

e. 发包人未能按合同约定日期支付工程预付款、进度款或竣工结算款的；

f. 监理人未按合同约定发出指示、批准等文件的；

g. 专用合同条款中约定的其他情形。

因发包人原因未按计划开工日期开工的，发包人应按实际开工日期顺延竣工日期，确保实际工期不低于合同约定的工期总日历天数。

② 因承包人原因导致工期延误　因承包人原因造成工期延误的，可以在专用合同条款中约定逾期竣工违约金的计算方法和逾期竣工违约金的上限。承包人支付逾期竣工违约金后，不免除承包人继续完成工程及修补缺陷的义务。

③ 不利物质条件引起的工期延误　不利物质条件是指有经验的承包人在施工现场遇到的不可预见的自然物质条件、非自然的物质障碍和污染物，包括地表以下物质条件和水文条件以及专用合同条款约定的其他情形，但不包括气候条件。

承包人遇到不利物质条件时，应采取克服不利物质条件的合理措施继续施工，并及时通知发包人和监理人。通知应载明不利物质条件的内容以及承包人认为不可预见的理由。监理人经发包人同意后应当及时发出指示，指示构成变更的，按变更约定执行。承包人因采取合理措施而增加的费用和（或）延误的工期由发包人承担。

④ 异常恶劣的气候条件引起的工期延误　异常恶劣的气候条件是指在施工过程中遇到的，有经验的承包人在签订合同时不可预见的，对合同履行造成实质性影响的，但尚未构成不可抗力事件的恶劣气候条件。合同当事人可以在专用合同条款中约定异常恶劣的气候条件的具体情形。

承包人应采取克服异常恶劣的气候条件的合理措施继续施工，并及时通知发包人和监理人。监理人经发包人同意后应当及时发出指示，指示构成变更的，按变更约定办理。承包人因采取合理措施而增加的费用和（或）延误的工期由发包人承担。

（7）发包人要求提前竣工

施工中如果发包人出于某种考虑要求提前竣工，应与承包人协商。双方达成一致后签订提前竣工协议，作为合同文件的组成部分。提前竣工协议包括以下方面的内容：

① 提前竣工时间；

② 发包人为赶工应提供的方便条件；

③ 承包人在保证工程质量和安全的前提下，可能采取的赶工措施；

④ 提前竣工所需的追加合同价款等。

承包人按照协议修订进度计划和制订相应的措施，工程师同意后执行。发包方为赶工提供必要的方便条件。

6.3.2.5　变更管理

（1）变更的范围

除专用合同条款另有约定外，合同履行过程中发生以下情形的，应按照合同约定进行工程变更：

① 增加或减少合同中任何工作，或追加额外的工作；

② 取消合同中任何工作，但转由他人实施的工作除外；

③ 改变合同中任何工作的质量标准或其他特性；

④ 改变工程的基线、标高、位置和尺寸；

⑤ 改变工程的时间安排或实施顺序。

（2）变更权

发包人和监理人均可以提出变更。变更指示均通过监理人发出，监理人发出变更指示前应征得发包人同意。承包人收到经发包人签认的变更指示后，方可实施变更。未经许可，承包人不得擅自对工程的任何部分进行变更。

涉及设计变更的，应由设计人提供变更后的图纸和说明。如变更超过原设计标准或批准的建设规模时，发包人应及时办理规划、设计变更等审批手续。

（3）变更程序

① 发包人提出变更　发包人提出变更的，应通过监理人向承包人发出变更指示，变更指示应说明计划变更的工程范围和变更的内容。

② 监理人提出变更建议　监理人提出变更建议的，需要向发包人以书面形式提出变更计划，说明计划变更工程范围和变更的内容、理由，以及实施该变更对合同价格和工期的影响。发包人同意变更的，由监理人向承包人发出变更指示。发包人不同意变更的，监理人无权擅自发出变更指示。

③ 变更执行　承包人收到监理人下达的变更指示后，认为不能执行，应立即提出不能执行该变更指示的理由。承包人认为可以执行变更的，应当书面说明实施该变更指示对合同价格和工期的影响，且合同当事人应当按照合同中有关变更估价的条款约定来确定变更估价。

（4）变更估价

① 变更估价原则　除专用合同条款另有约定外，变更估价按照本款约定处理：

a. 已标价工程量清单或预算书有相同项目的，按照相同项目单价认定；

b. 已标价工程量清单或预算书中无相同项目，但有类似项目的，参照类似项目的单价认定；

c. 变更导致实际完成的变更工程量与已标价工程量清单或预算书中列明的该项目工程量的变化幅度超过15％的，或已标价工程量清单或预算书中无相同项目及类似项目单价的，按照合理的成本与利润构成的原则，由合同当事人协商确定变更工作的单价。

② 变更估价程序　承包人应在收到变更指示后14天内，向监理人提交变更估价申请。监理人应在收到承包人提交的变更估价申请后7天内审查完毕并报送发包人，监理人对变更估价申请有异议，通知承包人修改后重新提交。发包人应在承包人提交变更估价申请后14天内审批完毕。发包人逾期未完成审批或未提出异议的，视为认可承包人提交的变更估价申请。

因变更引起的价格调整应计入最近一期的进度款中支付。

（5）承包人的合理化建议

承包人提出合理化建议的，应向监理人提交合理化建议说明，说明建议的内容和理由，以及实施该建议对合同价格和工期的影响。

除专用合同条款另有约定外，监理人应在收到承包人提交的合理化建议后7天内审查完毕并报送发包人，发现其中存在技术上的缺陷，应通知承包人修改。发包人应在收到监理人报送的合理化建议后 7 天内审批完毕。合理化建议经发包人批准的，监理人应及时发出变更指示，由此引起的合同价格调整按照合同中有关变更估价的约定执行。发包人不同意变更的，监理人应书面通知承包人。

合理化建议降低了合同价格或者提高了工程经济效益的，发包人可对承包人给予奖励，奖励的方法和金额在专用合同条款中约定。

（6）变更引起的工期调整

因变更引起工期变化的，合同当事人均可要求调整合同工期，由合同当事人按照合同中对相关问题的约定条款，并参考工程所在地的工期定额标准确定增减工期天数。

6.3.2.6　工程计量

由于签订合同时在工程量清单内开列的工程量是估计工程量，实际施工可能与其有差异，因此发包人支付工程进度款前应对承包人完成的实际工程量予以确认或核实，按照承包人实际完成永久工程的工程量进行支付。

（1）计量原则

按照合同约定的工程量计算规则、图纸及变更指示等进行计量。工程量计算规则应以相关的国家标准、行业标准等为依据，由合同当事人在专用合同条款中约定。属于承包人超出设计图纸范围（包括超挖、涨线）的工程量不予计量，因承包人原因造成返工的工程量不予计量。

（2）计量周期

除专用合同条款另有约定外，工程量的计量按月进行。

（3）计量程序

① 单价合同的计量　除专用合同条款另有约定外，单价合同的计量程序如下：

a. 承包人应于每月 25 日向监理人报送上月 20 日至当月 19 日已完成的工程量报告，并附具进度付款申请单、已完成工程量报表和有关资料。

b. 监理人应在收到承包人提交的工程量报告后 7 天内完成对承包人提交的工程量报表的审核并报送发包人，以确定当月实际完成的工程量。监理人对工程量有异议的，有权要求承包人进行共同复核或抽样复测。承包人应协助监理人进行复核或抽样复测，并按监理人要求提供补充计量资料。承包人未按监理人要求参加复核或抽样复测的，监理人复核或修正的工程量视为承包人实际完成的工程量。

c. 监理人未在收到承包人提交的工程量报告后的 7 天内完成审核的，承包人提交的工程量报告中的工程量视为承包人实际完成的工程量，据此计算工程价款。

② 总价合同的计量　除专用合同条款另有约定外，按月计量支付的总价合同，计量程序如下：

a. 承包人应于每月 25 日向监理人报送上月 20 日至当月 19 日已完成的工程量报告，并附具进度付款申请单、已完成工程量报表和有关资料。

b. 监理人应在收到承包人提交的工程量报告后 7 天内完成对承包人提交的工程量报表的审核并报送发包人，以确定当月实际完成的工程量。监理人对工程量有异议的，有权要求承包人进行共同复核或抽样复测。承包人应协助监理人进行复核或抽样复测并按监理人要求提供补充计量资料。承包人未按监理人要求参加复核或抽样复测的，监理人审核或修正的工程量视为承包人实际完成的工程量。

c. 监理人未在收到承包人提交的工程量报告后的 7 天内完成复核的，承包人提交的工程量报告中的工程量视为承包人实际完成的工程量。

6.3.2.7 支付管理

施工合同履行过程中，由于受到经济社会条件和法律政策环境的影响，往往实际支付的工程价款是价格调整后的数额。因此，价格调整是工程价款支付管理的重要内容。

（1）价格调整

① 市场价格波动引起的调整　除专用合同条款另有约定外，市场价格波动超过合同当事人约定的范围，合同价格应当调整。合同当事人可以在专用合同条款中约定选择以下一种方式对合同价格进行调整。

第 1 种方式：采用价格指数进行价格调整。

因人工、材料和设备等价格波动影响合同价格时，根据专用合同条款中约定的数据，按以下公式计算差额并调整合同价格：

$$\Delta P = P_0 \left[A + \left(B_1 \times \frac{F_{t1}}{F_{01}} + B_2 \times \frac{F_{t2}}{F_{02}} + B_3 \times \frac{F_{t3}}{F_{03}} + \cdots + B_n \times \frac{F_{tn}}{F_{0n}} \right) - 1 \right]$$

式中
ΔP——需调整的价格差额。

P_0——约定的付款证书中承包人应得到的已完成工程量的金额；此项金额应不包括价格调整、不计质量保证金的扣留和支付、预付款的支付和扣回；约定的变更及其他金额已按现行价格计价的，也不计在内。

A——定值权重（即不调部分的权重）。

$B_1，B_2，B_3，\cdots，B_n$——各可调因子的变值权重（即可调部分的权重），为各可调因子在签约合同价中所占的比例。

$F_{t1}，F_{t2}，F_{t3}，\cdots，F_{tn}$——各可调因子的现行价格指数，指约定的付款证书相关周期最后一天的前 42 天的各可调因子的价格指数。

$F_{01}，F_{02}，F_{03}，\cdots，F_{0n}$——各可调因子的基本价格指数，指基准日期的各可调因子的价格指数。

以上价格调整公式中的各可调因子、定值和变值权重，以及基本价格指数及其来源在投标函附录价格指数和权重表中约定，非招标订立的合同，由合同当事人在专用合同条款中约定。价格指数应首先采用工程造价管理机构发布的价格指数，无前述价格指数时，可采用工程造价管理机构发布的价格代替。

因承包人原因未按期竣工的，对合同约定的竣工日期后继续施工的工程，在使用价格调整公式时，应采用计划竣工日期与实际竣工日期的两个价格指数中较低的一个作为现行价格指数。

第 2 种方式：采用造价信息进行价格调整。

合同履行期间，因人工、材料、工程设备和机械台班价格波动影响合同价格时，人工、机械使用费按照国家或省、自治区、直辖市建设行政管理部门、行业建设管理部门或其授权的工程造价管理机构发布的人工、机械使用费系数进行调整；需要进行价格调整的材料，其单价和采购数量应由发包人审批，发包人确认需调整的材料单价及数量，作为调整合同价格的依据。

人工单价发生变化且符合省级或行业建设主管部门发布的人工费调整规定，合同当事人应按省级或行业建设主管部门或其授权的工程造价管理机构发布的人工费等文件调整合同价格，但承包人对人工费或人工单价的报价高于发布价格的除外。

材料、工程设备价格变化的价款调整按照发包人提供的基准价格，按以下风险范围规定执行。

a. 承包人在已标价工程量清单或预算书中载明材料单价低于基准价格的：除专用合同条款另有约定外，合同履行期间材料单价涨幅以基准价格为基础超过5%时，或材料单价跌幅以在已标价工程量清单或预算书中载明材料单价为基础超过5%时，其超过部分据实调整。

b. 承包人在已标价工程量清单或预算书中载明材料单价高于基准价格的：除专用合同条款另有约定外，合同履行期间材料单价跌幅以基准价格为基础超过5%时，或材料单价涨幅以在已标价工程量清单或预算书中载明材料单价为基础超过5%时，其超过部分据实调整。

c. 承包人在已标价工程量清单或预算书中载明材料单价等于基准价格的：除专用合同条款另有约定外，合同履行期间材料单价涨、跌幅以基准价格为基础超过5%时，其超过部分据实调整。

d. 承包人应在采购材料前将采购数量和新的材料单价报发包人核对，发包人确认用于工程时，发包人应确认采购材料的数量和单价。发包人在收到承包人报送的确认资料后5天内不予答复的视为认可，作为调整合同价格的依据。未经发包人事先核对，承包人自行采购材料的，发包人有权不予调整合同价格。发包人同意的，可以调整合同价格。

前述基准价格是指由发包人在招标文件或专用合同条款中给定的材料、工程设备的价格，该价格原则上应当按照省级或行业建设主管部门或其授权的工程造价管理机构发布的信息价编制。

施工机械台班单价或施工机械使用费发生变化超过省级或行业建设主管部门或其授权的工程造价管理机构规定的范围时，按规定调整合同价格。

② 法律变化引起的调整　基准日期后，法律变化导致承包人在合同履行过程中所需要的费用发生合同中市场价格波动引起的调整约定以外的增加时，由发包人承担由此增加的费用；减少时，应从合同价格中予以扣减。基准日期后，因法律变化造成工期延误时，工期应予以顺延。

因法律变化引起的合同价格和工期调整，合同当事人无法达成一致的，由总监理工程师协调处理。

因承包人原因造成工期延误，在工期延误期间出现法律变化的，由此增加的费用和（或）延误的工期由承包人承担。

（2）工程进度款的支付

① 编制进度付款申请单　除专用合同条款另有约定外，进度付款申请单应包括下列内容：

a. 截至本次付款周期已完成工作对应的金额；

b. 根据合同变更应增加和扣减的变更金额；

c. 根据预付款约定应支付的预付款和扣减的返还预付款；

d. 根据质量保证金约定应扣减的质量保证金；

e. 根据索赔应增加和扣减的索赔金额；

f. 对已签发的进度款支付证书中出现错误的修正，应在本次进度付款中支付或扣除的金额；

g. 根据合同约定应增加和扣减的其他金额。

② 进度付款申请单的提交　单价合同的进度付款申请单，按照施工合同中关于单价合同的计量约定的时间按月向监理人提交，并附上已完成工程量报表和有关资料。单价合同中的总价项目按月进行支付分解，并汇总列入当期进度付款申请单。

总价合同按月计量支付的，承包人按照施工合同中关于总价合同的计量约定的时间按月向监理人提交进度付款申请单，并附上已完成工程量报表和有关资料。

其他价格形式合同的进度付款申请单的提交，合同当事人可在专用合同条款中约定其他价格形式合同的进度付款申请单的编制和提交程序。

③ 进度款审核和支付　除专用合同条款另有约定外，监理人应在收到承包人进度付款申请单以及相关资料后 7 天内完成审查并报送发包人，发包人应在收到后 7 天内完成审批并签发进度款支付证书。发包人逾期未完成审批且未提出异议的，视为已签发进度款支付证书。

发包人和监理人对承包人的进度付款申请单有异议的，有权要求承包人修正和提供补充资料，承包人应提交修正后的进度付款申请单。监理人应在收到承包人修正后的进度付款申请单及相关资料后 7 天内完成审查并报送发包人，发包人应在收到监理人报送的进度付款申请单及相关资料后 7 天内，向承包人签发无异议部分的临时进度款支付证书。存在争议的部分，按照争议解决的约定处理。

除专用合同条款另有约定外，发包人应在进度款支付证书或临时进度款支付证书签发后 14 天内完成支付，发包人逾期支付进度款的，应按照中国人民银行发布的同期同类贷款基准利率支付违约金。

发包人签发进度款支付证书或临时进度款支付证书，不表明发包人已同意、批准或接受了承包人完成的相应部分的工作。

④ 进度付款的修正　在对已签发的进度款支付证书进行阶段汇总和复核中发现错误、遗漏或重复的，发包人和承包人均有权提出修正申请。经发包人和承包人同意的修正，应在下期进度付款中支付或扣除。

6.3.2.8 不可抗力

不可抗力是指合同当事人在签订合同时不可预见，在合同履行过程中不可避免且不能克服的自然灾害和社会性突发事件，如地震、海啸、瘟疫、骚乱、戒严、暴动、战争和专用合同条款中约定的其他情形。

不可抗力发生后，发包人和承包人应收集证明不可抗力发生及不可抗力造成损失的证据，并及时认真统计所造成的损失。

（1）通知义务

合同一方当事人遇到不可抗力事件，使其履行合同义务受到阻碍时，应立即通知合同另一方当事人和监理人，书面说明不可抗力和受阻碍的详细情况，并提供必要的证明。

不可抗力持续发生的，合同一方当事人应及时向合同另一方当事人和监理人提交中间报告，说明不可抗力和履行合同受阻的情况，并于不可抗力事件结束后 28 天内提交最终报告及有关资料。

（2）不可抗力后果

不可抗力引起的后果及造成的损失由合同当事人按照法律规定及合同约定各自承担。不可抗力发生前已完成的工程应当按照合同约定进行计量支付。

不可抗力导致的人员伤亡、财产损失、费用增加和（或）工期延误等后果，由合同当事人按以下原则承担：

① 永久工程、已运至施工现场的材料和工程设备的损坏，以及因工程损坏造成的第三人人员伤亡和财产损失由发包人承担；

② 承包人施工设备的损坏由承包人承担；

③ 发包人和承包人承担各自人员伤亡和财产的损失；

④ 因不可抗力影响承包人履行合同约定的义务，已经引起或将引起工期延误的，应当顺延工期，由此导致承包人停工的费用损失由发包人和承包人合理分担，停工期间必须支付的工人工资由发包人承担；

⑤ 因不可抗力引起或将引起工期延误，发包人要求赶工的，由此增加的赶工费用由发包人承担；

⑥ 承包人在停工期间按照发包人要求照管、清理和修复工程的费用由发包人承担。

不可抗力发生后，合同当事人均应采取措施尽量避免和减少损失的扩大，任何一方当事人没有采取有效措施导致损失扩大的，应对扩大的损失承担责任。

因合同一方迟延履行合同义务，在迟延履行期间遭遇不可抗力的，不免除其违约责任。

（3）因不可抗力解除合同

因不可抗力导致合同无法履行连续超过84天或累计超过140天的，发包人和承包人均有权解除合同。合同解除后，由双方当事人按照合同约定商定或确定发包人应支付的款项。该款项包括：

① 合同解除前承包人已完成工作的价款；

② 承包人为工程订购的并已交付给承包人，或承包人有责任接受交付的材料、工程设备和其他物品的价款；

③ 发包人要求承包人退货或解除订货合同而产生的费用，或因不能退货或解除合同而产生的损失；

④ 承包人撤离施工现场以及遣散承包人人员的费用；

⑤ 按照合同约定在合同解除前应支付给承包人的其他款项；

⑥ 扣减承包人按照合同约定应向发包人支付的款项；

⑦ 双方商定或确定的其他款项。

除专用合同条款另有约定外，合同解除后，发包人应在商定或确定上述款项后28天内完成上述款项的支付。

（4）不可抗力后的风险转移

不可抗力事件发生后，对施工合同的履行会造成较大的影响。工程师应当有较强的风险意识，包括及时识别可能发生不可抗力的因素，督促当事人转移或分散风险（如投保等）。

投保"建筑工程一切险""安装工程一切险"和"人身意外伤害险"是转移风险的有效措施。如果工程是发包人负责办理工程险，当承包人有权获得工期顺延的时间内，发包人应在保险合同有效期届满前办理保险的延续手续；若因承包人原因不能按期竣工，承包人应自费办理保险的延续手续。对于保险公司的赔偿不能全部弥补损失的部分，则由合同约定的责任方承担赔偿义务。

6.3.2.9 安全文明施工与环境保护

(1) 安全生产要求

合同履行期间，合同当事人均应当遵守国家和工程所在地有关安全生产的要求，合同当事人有特别要求的，应在专用合同条款中明确施工项目安全生产标准化达标目标及相应事项。承包人有权拒绝发包人及监理人强令承包人违章作业、冒险施工的任何指示。

在施工过程中，如遇到突发的地质变动、事先未知的地下施工障碍等影响施工安全的紧急情况，承包人应及时报告监理人和发包人，发包人应当及时下令停工并报政府有关行政管理部门采取应急措施。

因安全生产需要暂停施工的，按照合同中暂停施工的约定执行。

(2) 安全生产保证措施

承包人应当按照有关规定编制安全技术措施或者专项施工方案，建立安全生产责任制度、治安保卫制度及安全生产教育培训制度，并按安全生产法律规定及合同约定履行安全职责，如实编制工程安全生产的有关记录，接受发包人、监理人及政府安全监督部门的检查与监督。

(3) 特别安全生产事项

承包人应按照法律规定进行施工，开工前做好安全技术交底工作，施工过程中做好各项安全防护措施。承包人为实施合同而雇用的特殊工种的人员应受过专门的培训并已取得政府有关管理机构颁发的上岗证书。

承包人在动力设备、输电线路、地下管道、密封防震车间、易燃易爆地段以及临街交通要道附近施工时，施工开始前应向发包人和监理人提出安全防护措施，经发包人认可后实施。

实施爆破作业，在放射、毒害性环境中施工（含储存、运输、使用）及使用毒害性、腐蚀性物品施工时，承包人应在施工前7天内以书面形式通知发包人和监理人，并报送相应的安全防护措施，经发包人认可后实施。

需单独编制危险性较大分部分项专项工程施工方案的，及要求进行专家论证的超过一定规模的危险性较大的分部分项工程，承包人应及时编制和组织论证。

(4) 治安保卫

除专用合同条款另有约定外，发包人应与当地公安部门协商，在现场建立治安管理机构或联防组织，统一管理施工场地的治安保卫事项，履行合同工程的治安保卫职责。

发包人和承包人除应协助现场治安管理机构或联防组织维护施工场地的社会治安外，还应做好包括生活区在内的各自管辖区的治安保卫工作。

除专用合同条款另有约定外，发包人和承包人应在工程开工后7天内共同编制施工场地治安管理计划，并制订应对突发治安事件的紧急预案。在工程施工过程中，发生暴乱、爆炸等恐怖事件，以及群殴、械斗等群体性突发治安事件的，发包人和承包人应立即向当地政府报告。发包人和承包人应积极协助当地有关部门采取措施平息事态，防止事态扩大，尽量避免人员伤亡和财产损失。

(5) 文明施工

承包人在工程施工期间，应当采取措施保持施工现场平整，物料堆放整齐。工程所在地有关政府行政管理部门有特殊要求的，按照其要求执行。合同当事人对文明施工有其他要求的，可以在专用合同条款中明确。

在工程移交之前，承包人应当从施工现场清除承包人的全部工程设备、多余材料、垃圾和各种临时工程，并保持施工现场清洁整齐。经发包人书面同意，承包人可在发包人指定的地点保留承包人履行保修期内的各项义务所需的材料、施工设备和临时工程。

（6）紧急情况处理

在工程实施期间或缺陷责任期内发生危及工程安全的事件，监理人通知承包人进行抢救，承包人声明无能力或不愿立即执行的，发包人有权雇佣其他人员进行抢救。此类抢救按合同约定属于承包人义务的，由此增加的费用和（或）延误的工期由承包人承担。

工程施工过程中发生事故的，承包人应立即通知监理人，监理人应立即通知发包人。发包人和承包人应立即组织人员和设备进行紧急抢救和抢修，减少人员伤亡和财产损失，防止事故扩大，并保护事故现场。需要移动现场物品时，应作出标记和书面记录，妥善保管有关证据。发包人和承包人应按国家有关规定，及时如实地向有关部门报告事故发生的情况，以及正在采取的紧急措施等。

（7）安全生产责任

发包人应负责赔偿以下各种情况造成的损失：

① 工程或工程的任何部分对土地的占用所造成的第三者财产损失；

② 由于发包人原因在施工场地及其毗邻地带造成的第三者人身伤亡和财产损失；

③ 由于发包人原因对承包人、监理人造成的人员人身伤亡和财产损失；

④ 由于发包人原因造成的发包人自身人员的人身伤害以及财产损失。

由于承包人原因在施工场地内及其毗邻地带造成的发包人、监理人以及第三者人员伤亡和财产损失，由承包人负责赔偿。

（8）环境保护

承包人应在施工组织设计中列明环境保护的具体措施。在合同履行期间，承包人应采取合理措施保护施工现场环境。对施工作业过程中可能引起的大气、水、噪声以及固体废物污染采取具体可行的防范措施。

承包人应当承担因其原因引起的环境污染侵权损害赔偿责任，因上述环境污染引起纠纷而导致暂停施工的，由此增加的费用和（或）延误的工期由承包人承担。

6.3.3 建设工程竣工验收阶段的合同管理

6.3.3.1 工程试车

包括设备安装工程的施工合同，设备安装工作完成后，要对设备运行的性能进行检验。

（1）竣工前的试车

竣工前的试车工作分为单机无负荷试车和联动无负荷试车两类。双方约定需要试车的，试车内容应与承包人承包的安装范围相一致。

① 试车的组织

a. 单机无负荷试车。由于单机无负荷试车所需的环境条件在承包人的设备现场范围内，因此，安装工程具备试车条件时，由承包人组织试车。承包人应在试车前48小时内向工程师发出要求试车的书面通知，通知包括试车内容、时间、地点。承包人准备试车记录，发包人根据承包人要求为试车提供必要条件。试车合格，工程师应在试车记录上签字。

工程师不能按时参加试车，须在开始试车前24小时以书面形式向承包人提出延期要求，延期不能超过48小时。工程师未能按以上时间提出延期要求，不参加试车，应承认试车记录。

b. 联动无负荷试车。进行联动无负荷试车时，由于需要外部的配合条件，因此具备联动无负荷试车条件时，由发包人组织试车。发包人在试车前 48 小时书面通知承包人做好试车准备工作。通知包括试车内容、时间、地点和对承包人的要求等。承包人按要求做好准备工作。试车合格，双方在试车记录上签字。

② 试车中的双方责任

a. 由于设计原因试车达不到验收要求，发包人应要求设计单位修改设计，承包人按修改后的设计重新安装。发包人承担修改设计、拆除及重新安装的全部费用和追加合同价款，工期相应顺延。

b. 由于设备制造原因试车达不到验收要求，由该设备采购一方负责重新购置或修理，承包人负责拆除或重新安装。设备由承包人采购的，由承包人承担修理或重新购置、拆除及重新安装的费用，工期不予顺延；设备由发包人采购的，发包人承担上述各项追加合同价款，工期相应顺延。

c. 由于承包人施工原因试车达不到要求，承包人按工程师要求重新安装和试车，并承担重新安装和试车的费用，工期不予顺延。

d. 试车费用除已包括在合同价款之内或专用条款另有约定外，均由发包人承担。

e. 工程师在试车合格后在试车记录上签字，试车结束 24 小时后，视为工程师已经认可试车记录，承包人可继续施工或办理竣工手续。

（2）竣工后的试车

投料试车属于竣工验收后的带负荷试车，不属于承包的工作范围内，一般情况下承包人不参与此项试车。如果发包人要求在工程竣工验收前进行或需要承包人在试车时予以配合，应征得承包人同意，另行签订补充协议。试车组织和试车工作由发包人负责。

6.3.3.2 竣工验收

工程验收是合同履行中的一个重要工作阶段，工程未经竣工验收或竣工验收未通过的，发包人不得使用。发包人强行使用时，由此发生的质量问题及其他问题，由发包人承担责任。竣工验收分为分项工程竣工验收和整体工程竣工验收两大类，视施工合同约定的工作范围而定。

（1）竣工验收需要满足的条件

依据施工合同范本通用条款和法规的规定，竣工工程必须符合下列基本条件：

① 完成工程设计和合同约定的各项内容。

② 施工单位在工程完工后对工程质量进行了检查，确认工程质量符合有关工程建设强制性标准，并提出工程质量评价报告。工程质量评价报告应经总监理工程师和监理单位有关负责人审核签字。

③ 对于委托监理的工程项目，监理单位对工程进行了质量评价，具有完整的监理资料，并提出工程质量评价报告。工程质量评价报告应经总监理工程师和监理单位有关负责人审核签字。

④ 勘察、设计单位对勘察、设计文件及施工过程中由设计单位签署的设计变更通知书进行了确认。

⑤ 有完整的技术档案和施工管理资料。

⑥ 有工程使用的主要建筑材料、建筑构配件和设备合格证及必要的进场实验报告。

⑦ 有施工单位签署的工程质量保修书。

⑧ 有公安消防、环保等部门出具的认可文件或准许使用文件。

⑨ 建设行政主管部门及其委托的工程质量监督机构等有关部门责令整改的问题全部整改完毕。

（2）竣工验收程序

工程具备竣工验收条件，发包人按国家工程竣工验收有关规定组织验收工作。

① 承包人申请验收 工程具备竣工验收条件，承包人向发包人申请竣工验收，递交竣工验收报告并提供完整的资料。实行监理的工程，工程竣工报告必须经总监理工程师签署意见。

② 发包人组织验收组 对符合竣工验收要求的工程，发包人收到竣工报告后28天内，组织勘察、设计、施工、监理、质量监督机构和其他有关方面的专家组成验收组，制订验收方案。

③ 验收步骤 由发包人组织工程竣工验收。验收过程主要包括：

a. 发包人、承包人、勘察、设计、监理单位分别向验收组汇报工程合同履约情况和在工程建设各个环节执行法律、法规和工程建设强制性标准的情况；

b. 验收组审阅建设、勘察、设计、施工、监理单位提供的工程档案资料；

c. 查验工程实体质量；

d. 验收组通过查验后，对工程施工、设备安装质量和各管理环节等方面作出总体评价，形成工程竣工验收意见（包括基本合格对不符合规定部分的整改意见）。参与组织工程竣工验收的发包人、承包人、勘察、设计、施工、监理等各方不能形成一致意见时，应报当地建设行政主管部门或监督机构进行协调，待意见一致后，重新组织工程竣工验收。

（3）验收结论认定

竣工验收合格的，发包人应在验收合格后14天内向承包人签发工程接收证书。发包人无正当理由逾期不颁发工程接收证书的，自验收合格后第15天起视为已颁发工程接收证书。

竣工验收不合格的，监理人应按照验收意见发出指示，要求承包人对不合格工程返工、修复或采取其他补救措施，由此增加的费用和（或）延误的工期由承包人承担。承包人在完成不合格工程的返工、修复或采取其他补救措施后，应重新提交竣工验收申请报告，并按本项约定的程序重新进行验收。

工程未经验收或验收不合格，发包人擅自使用的，应在转移占有工程后7天内向承包人颁发工程接收证书；发包人无正当理由逾期不颁发工程接收证书的，自转移占有后第15天起视为已颁发工程接收证书。

（4）竣工时间的确定

工程经竣工验收合格的，以承包人提交竣工验收申请报告之日为实际竣工日期，并在工程接收证书中载明；因发包人原因，未在监理人收到承包人提交的竣工验收申请报告42天内完成竣工验收，或完成竣工验收不予签发工程接收证书的，以提交竣工验收申请报告的日期为实际竣工日期；工程未经竣工验收，发包人擅自使用的，以转移占有工程之日为实际竣工日期。

合同约定的工期指协议书中写明的时间与施工过程中遇到合同约定可以顺延工期条件情况后，经过工程师确认应给予承包人顺延工期之和。

承包人的实际施工期限，从开工日到上述确认为竣工日期的日历天数。开工日正常情况下为专用条款内约定的日期，也可能是由于发包人或承包人要求延期开工，经工程师确认的日期。

6.3.3.3 工程保修

工程保修期从工程竣工验收合格之日起算，具体分部分项工程的保修期由合同当事人在专用合同条款中约定，但不得低于法定最低保修年限。在工程保修期内，承包人应当根据有关法律规定以及合同约定承担保修责任。

发包人未经竣工验收擅自使用工程的，保修期自转移占有之日起算。

承包人应当在工程竣工验收之前，与发包人签订质量保修书，作为合同附件。质量保修书的主要内容包括工程质量保修范围和内容、质量保修期、质量保修责任、保修费用和其他约定5部分。

（1）工程质量保修范围和内容

双方按照工程的性质和特点，具体约定保修的相关内容。房屋建筑工程的保修范围包括：地基基础工程、主体结构工程，屋面防水工程、有防水要求的卫生间和外墙面的防渗漏，供热与供冷系统，电气管线、给排水管道、设备安装和装修工程，以及双方约定的其他项目。

（2）质量保修期

保修期从竣工验收合格之日起计算。当事人双方应针对不同的工程部位，在保修书内约定具体的保修年限。当事人协商约定的保修期限，不得低于法规规定的标准。国务院颁布的《建设工程质量管理条例》明确规定，在正常使用条件下的最低保修期限为：

① 基础设施工程、房屋建筑的地基基础工程和主体工程，为设计文件规定的该工程的合理使用年限；

② 屋面防水工程，有防水要求的卫生间、房间和外墙面的防渗漏，为5年；

③ 供热与供冷系统，为2个采暖期、供冷期；

④ 电气管线、给排水管道、设备安装和装修工程，为2年。

（3）质量保修责任

① 属于保修范围、内容的项目，承包人应在接到发包人的保修通知起7天内派人保修。承包人不在约定期限内派人保修，发包人可以委托其他人修理。

② 发生紧急抢修事故时，承包人接到通知后应当立即到达事故现场抢修。

③ 涉及结构安全的质量问题，应当按照《房屋建筑工程质量保修办法》的规定，立即向当地建设行政主管部门报告，采取相应的安全防范措施。由原设计单位或具有相应资质等级的设计单位提出保修方案，承办人实施保修。

④ 质量保修完成后，由发包人组织验收。

（4）保修费用

《建设工程质量管理条例》颁布后，由于保修期限较长，为了维护承包人的合法利益，竣工接管时不再扣留质量保修金。保修费用，由造成质量缺陷的责任方承担。

6.3.3.4 竣工结算

（1）竣工结算程序

① 竣工结算申请 除专用合同条款另有约定外，承包人应在工程竣工验收合格后28天内向发包人和监理人提交竣工结算申请单，并提交完整的结算资料，有关竣工结算申请单的资料清单和份数等要求由合同当事人在专用合同条款中约定。

除专用合同条款另有约定外，竣工结算申请单应包括以下内容：

a. 竣工结算合同价格；

b. 发包人已支付承包人的款项；

c. 应扣留的质量保证金；

d. 发包人应支付承包人的合同价款。

② 竣工结算审核 除专用合同条款另有约定外，监理人应在收到竣工结算申请单后14天内完成核查并报送发包人。发包人应在收到监理人提交的经审核的竣工结算申请单后14天内完成审批，并由监理人向承包人签发经发包人签认的竣工付款证书。监理人或发包人对竣工结算申请单有异议的，有权要求承包人进行修正和提供补充资料，承包人应提交修正后的竣工结算申请单。

发包人在收到承包人提交的竣工结算申请单后28天内未完成审批且未提出异议的，视为发包人认可承包人提交的竣工结算申请单，并自发包人收到承包人提交的竣工结算申请单后第29天起视为已签发竣工付款证书。

除专用合同条款另有约定外，发包人应在签发竣工付款证书后的14天内，完成对承包人的竣工付款。发包人逾期支付的，按照中国人民银行发布的同期同类贷款基准利率支付违约金；逾期支付超过56天的，按照中国人民银行发布的同期同类贷款基准利率的两倍支付违约金。

承包人对发包人签认的竣工付款证书有异议的，对于有异议部分应在收到发包人签认的竣工付款证书后7天内提出异议，并由合同当事人按照专用合同条款约定的方式和程序进行复核，或按照争议解决约定处理。对于无异议部分，发包人应签发临时竣工付款证书，并完成付款。承包人逾期未提出异议的，视为认可发包人的审批结果。

③ 最终结清

a. 最终结清申请单。除专用合同条款另有约定外，承包人应在缺陷责任期终止证书颁发后7天内，按专用合同条款约定的份数向发包人提交最终结清申请单，并提供相关证明材料。

除专用合同条款另有约定外，最终结清申请单应列明质量保证金、应扣除的质量保证金、缺陷责任期内发生的增减费用。

发包人对最终结清申请单内容有异议的，有权要求承包人进行修正和提供补充资料，承包人应向发包人提交修正后的最终结清申请单。

b. 最终结清证书和支付。除专用合同条款另有约定外，发包人应在收到承包人提交的最终结清申请单后14天内完成审批并向承包人颁发最终结清证书。发包人逾期未完成审批，又未提出修改意见的，视为发包人同意承包人提交的最终结清申请单，且自发包人收到承包人提交的最终结清申请单后15天起视为已颁发最终结清证书。

除专用合同条款另有约定外，发包人应在颁发最终结清证书后7天内完成支付。发包人逾期支付的，按照中国人民银行发布的同期同类贷款基准利率支付违约金；逾期支付超过56天的，按照中国人民银行发布的同期同类贷款基准利率的两倍支付违约金。

承包人对发包人颁发的最终结清证书有异议的，按争议解决的约定办理。

思 考 题

1. 建设工程施工合同的概念和特点是什么？

2. 建设工程施工合同涉及哪些主体？它们之间分别是什么关系？

3. 建设工程施工合同文件包括哪些？

4. 建设工程开工应具备什么条件？

5. 延期开工的责任如何划分？

6. 施工进度计划由谁审批？

7. 建筑材料和设备的进场检验应注意什么问题？

8. 隐蔽工程检验的程序是什么？

9. 工程进度款的构成类目有哪些？

10. 单机无负荷试车由谁组织？联动无负荷试车由谁组织？

11. 竣工验收的程序是什么？

12. 工程竣工结算的程序是什么？

第 **7** 章
建设工程监理合同管理

主要内容：建设工程监理合同概念、特征及示范文本；建设工程监理合同的订立、主要内容及履行管理。

教学要求：熟悉建设工程委托监理合同概念、示范文本；掌握建设工程委托监理合同主要内容、订立过程及履行。

7.1 建设工程监理合同概述

7.1.1 建设工程监理合同的概念和特征

建设工程监理合同简称监理合同，是指委托人与监理人就委托的工程项目管理内容签订的明确双方权利、义务的协议。"委托人"是指本合同中委托监理与相关服务的一方，及其合法的继承人或受让人。"监理人"是指本合同中提供监理与相关服务的一方，及其合法的继承人。

监理合同的特征主要有以下三方面。

① 监理合同双方当事人必须具备法定资格。监理合同的当事人双方应当是具有民事权利能力和民事行为能力、取得法人资格的企事业单位、其他社会组织，个人在法律允许的范围内也可以成为合同当事人。委托人必须是具有国家批准的建设项目，落实投资计划的企事业单位、其他社会组织及个人，作为受托人的监理人必须是依法成立具有法人资格的监理企业，并且所承担的工程监理业务应与企业资质等级和业务范围相符合。

② 监理合同的标的是服务。建设工程物资采购合同、加工承揽合同等的标的物是物质成果，而监理合同的标的是服务，服务能力必须通过监理工程师的知识、经验、技能体现，因此不难理解，委托人通过监理招标选定监理人时，着重对监理单位提供监理服务的能力进行选择。

③ 监理合同约定监理人的工作内容贯穿工程项目建设全过程。监理合同约定监理人的工作内容在时间上贯穿工程项目建设全过程，在范围上包括工程项目"三控制、两管理、一协调"的各个方面，因此监理人的工作内容必须符合工程项目建设程序，遵守有关法律、行政法规，以对工程项目实施全面的监督和管理为主要内容，而且在工作过程中充分发挥自身的知识、经验和技能优势。

7.1.2 建设工程监理合同示范文本

《建设工程监理合同（示范文本）》(以下简称《监理合同（示范文本）》)(GF-2012-0202)由协议书、通用条件、专用条件和附录四大部分组成。

（1）协议书

协议书是纲领性的法律文件，其中明确了当事人双方确定的委托监理工程的概况（工程名称、地点、工程规模、总投资）；委托人向监理人支付酬金的金额和构成；合同签订、生效、完成的时间和期限；双方愿意履行约定的各项义务的承诺。协议书是一份标准的格式文件，经当事人双方在有限的空格内填写具体规定的内容并签字盖章后，即发生法律效力。

（2）通用条件

通用条件其内容涵盖了合同中所用词语定义与解释，签约双方当事人的责任，权利和义务，合同生效变更与终止，监理报酬，争议的解决，以及其他一些情况。它是监理合同的通用文件，适用于各类建设工程项目监理。各个委托人、监理人都应遵守。

（3）专用条件

由于通用条件适用于各种行业和专业项目的建设工程监理，其中的某些条款规定得比较笼统，因此需要设置专用条件，在签订具体工程项目监理合同时，结合地域特点、专业特点和委托监理项目的工程特点，对通用条件中的某些条款进行补充和修正。专用条件的序号、名称与通用条件一一对应，专用条件的条款中进一步明确具体内容，使两个条件中相同序号的条款共同组成一条内容完备的条款。

（4）附录

附录包括"附录 A 相关服务的范围和内容"和"附录 B 委托人派遣的人员和提供的房屋、资料、设备"两部分内容，供合同当事人根据工程项目具体需要选用。其中"相关服务"是指监理人受委托人的委托，按照本合同约定，在勘察、设计、保修等阶段提供的服务活动。

7.2 监理合同的订立

订立监理合同需要明确监理依据，监理业务的范围和内容，监理合同的生效、变更与终止，双方当事人的权利和义务，酬金支付，合同履行的期限、地点和方式，违约责任及解决争议的方式等内容。

7.2.1 监理依据

监理依据是确定监理业务范围和内容的基础，是明确双方当事人权利义务的准绳，是完全适当履行合同的保障。监理依据包括：

① 适用的法律、行政法规及部门规章；

② 与工程有关的标准；

③ 工程设计及有关文件；

④ 本合同及委托人与第三方签订的与实施工程有关的其他合同。

对于某一特定的工程项目，双方当事人应根据工程项目的行业和地域特点，在专用条件中具体约定监理依据。

7.2.2　监理业务的范围和内容

监理业务服从和服务于工程项目建设的全过程，是为工程项目顺利实施而进行的监督和管理，因此委托人委托监理业务的范围可以非常广泛，具体而言由监理招标确定的业务范围而定。从工程建设基本程序角度来看，监理业务范围可以包括项目前期投资决策咨询、勘察设计、项目实施、保修等各个阶段的全部监理工作或某一阶段的监理工作。在不同的范围内，监理业务的内容又涵盖工程项目"三控制、两管理、一协调"，即投资控制、质量控制、进度控制三大控制，信息管理和合同管理两项管理以及组织协调的各个方面。

根据《监理合同（示范文本）》，监理工作内容一般包括：

① 收到工程设计文件后编制监理规划，并在第一次工地会议7天前报委托人。根据有关规定和监理工作需要，编制监理实施细则。

② 熟悉工程设计文件，并参加由委托人主持的图纸会审和设计交底会议。

③ 参加由委托人主持的第一次工地会议；主持监理例会并根据工程需要主持或参加专题会议。

④ 审查施工承包人提交的施工组织设计，重点审查其中的质量安全技术措施、专项施工方案与工程建设强制性标准的符合性。

⑤ 检查施工承包人工程质量、安全生产管理制度及组织机构和人员资格。

⑥ 检查施工承包人专职安全生产管理人员的配备情况。

⑦ 审查施工承包人提交的施工进度计划，核查承包人对施工进度计划的调整。

⑧ 检查施工承包人的试验室。

⑨ 审核施工分包人资质条件。

⑩ 查验施工承包人的施工测量放线成果。

⑪ 审查工程开工条件，对条件具备的签发开工令。

⑫ 审查施工承包人报送的工程材料、构配件、设备质量证明文件的有效性和符合性，并按规定对用于工程的材料采取平行检验或见证取样方式进行抽检。

⑬ 审核施工承包人提交的工程款支付申请，签发或出具工程款支付证书，并报委托人审核、批准。

⑭ 在巡视、旁站和检验过程中，发现工程质量、施工安全存在事故隐患的，要求施工承包人整改并报委托人。

⑮ 经委托人同意，签发工程暂停令和复工令。

⑯ 审查施工承包人提交的采用新材料、新工艺、新技术、新设备的论证材料及相关验收标准。

⑰ 验收隐蔽工程、分部分项工程。

⑱ 审查施工承包人提交的工程变更申请，协调处理施工进度调整、费用索赔、合同争议等事项。

⑲ 审查施工承包人提交的竣工验收申请，编写工程质量评估报告。

⑳ 参加工程竣工验收，签署竣工验收意见。

㉑ 审查施工承包人提交的竣工结算申请并报委托人。

㉒ 编制、整理工程监理归档文件并报委托人。

施工阶段监理可包括：

① 协助委托人选择承包人，组织设计、施工、设备采购等招标。

② 技术监督和检查：检查工程设计、材料和设备质量；对操作或施工质量的监理和检查等。

③ 施工管理：包括质量控制、成本控制、计划和进度控制等。通常施工监理合同中"监理工作范围"条款，一般应与工程项目总概算、单位工程概算所涵盖的工程范围相一致，或与工程总承包合同、单项工程承包所涵盖的范围相一致。

对监理工作的要求：

在监理合同中明确约定的监理人执行监理工作的要求，应当符合《建设工程监理规范》的规定。例如针对工程项目的实际情况派出监理工作需要的监理机构及人员，编制监理规划和监理实施细则，采取实现监理工作目标相应的监理措施，从而保证监理合同得到真正的履行。

7.2.3 监理合同的生效、变更、延误、暂停、解除与终止

委托监理合同中对合同履行期间甲乙双方的有关联系、工作程序都作了严格周密的规定，便于双方协调有序地履行合同。这些集中在《监理合同（示范文本）的"合同生效、变更与终止""其他"和"争议的解决"等条款当中。主要内容如下所述。

（1）生效

除法律另有规定或者专用条件另有约定外，委托人和监理人的法定代表人或其授权代理人在协议书上签字并盖单位章后本合同生效。

（2）变更

任何一方申请并经双方书面同意时，可对合同进行变更。出现合同变更时，监理企业应该坚持要求修改合同，口头协议或者临时性交换函件等都是不可取的。在实际履行中，可以采取正式文件、信件协议或委托单等几种方式对合同进行修改，如果变动范围太大，也可重新制订一个合同取代原有合同。

① 任何一方提出变更请求时，双方经协商一致后可进行变更。

② 除不可抗力外，因非监理人原因导致监理人履行合同期限延长、内容增加时，监理人应当将此情况与可能产生的影响及时通知委托人。增加的监理工作时间、工作内容应视为附加工作。附加工作酬金的确定方法在专用条件中约定。

③ 合同生效后，如果实际情况发生变化使得监理人不能完成全部或部分工作时，监理人应立即通知委托人。除不可抗力外，其善后工作以及恢复服务的准备工作应为附加工作，附加工作酬金的确定方法在专用条件中约定。监理人用于恢复服务的准备时间不应超过28天。

④ 合同签订后，遇有与工程相关的法律法规、标准颁布或修订的，双方应遵照执行。由此引起监理与相关服务的范围、时间、酬金变化的，双方应通过协商进行相应调整。

⑤ 因非监理人原因造成工程概算投资额或建筑安装工程费增加时，正常工作酬金应作相应调整。调整方法在专用条件中约定。

⑥ 因工程规模、监理范围的变化导致监理人的正常工作量减少时，正常工作酬金应作相应调整。调整方法在专用条件中约定。

（3）延误

如果由于委托人或第三方的原因使监理工作受到阻碍或延误，以致增加了工程量或持续时间，监理人应将此情况与可能产生的影响及时通知委托人。增加的工作量应视为附加的工作，完成监理业务的时间应相应延长，并得到附加工作酬金。

（4）暂停与解除

除双方协商一致可以解除本合同外，当一方无正当理由未履行本合同约定的义务时，另一方可以根据本合同约定暂停履行本合同直至解除本合同。

① 在本合同有效期内，由于双方无法预见和控制的原因导致本合同全部或部分无法继续履行或继续履行已无意义，经双方协商一致，可以解除本合同或监理人的部分义务。在解除之前，监理人应作出合理安排，使开支减至最小。

因解除本合同或解除监理人的部分义务导致监理人遭受的损失，除依法可以免除责任的情况外，应由委托人予以补偿，补偿金额由双方协商确定。

解除本合同的协议必须采取书面形式，协议未达成之前，本合同仍然有效。

② 在本合同有效期内，因非监理人的原因导致工程施工全部或部分暂停，委托人可通知监理人要求暂停全部或部分工作。监理人应立即安排停止工作，并将开支减至最小。除不可抗力外，由此导致监理人遭受的损失应由委托人予以补偿。

暂停部分监理与相关服务时间超过 182 天的，监理人可发出解除本合同约定的该部分义务的通知；暂停全部工作时间超过 182 天的，监理人可发出解除本合同的通知，本合同自通知到达委托人时解除。委托人应将监理与相关服务的酬金支付至本合同解除日，且应承担第4.2 款约定的责任。

③ 当监理人无正当理由未履行本合同约定的义务时，委托人应通知监理人限期改正。若委托人在监理人接到通知后的 7 天内未收到监理人书面形式的合理解释，则可在 7 天内发出解除本合同的通知，自通知到达监理人时本合同解除。委托人应将监理与相关服务的酬金支付至限期改正通知到达监理人之日，但监理人应承担约定的责任。

④ 监理人在专用条件约定的支付之日起 28 天后仍未收到委托人按本合同约定应付的款项，可向委托人发出催付通知。委托人接到通知 14 天后仍未支付或未提出监理人可以接受的延期支付安排，监理人可向委托人发出暂停工作的通知并可自行暂停全部或部分工作。暂停工作后 14 天内监理人仍未获得委托人应付酬金或委托人的合理答复，监理人可向委托人发出解除本合同的通知，自通知到达委托人时本合同解除。委托人应承担约定的责任。

⑤ 因不可抗力致使本合同部分或全部不能履行时，一方应立即通知另一方，可暂停或解除本合同。

⑥ 本合同解除后，本合同约定的有关结算、清理、争议解决方式的条件仍然有效。

（5）终止

满足以下全部条件时，本合同即告终止：

① 监理人完成本合同约定的全部工作。

② 委托人与监理人结清并支付全部酬金。

③ 监理人向委托人办理完竣工验收或工程移交手续，承包人和委托人已签订工程保修合同，监理人收到监理酬金尾款结清监理酬金后，本合同即告终止。

④ 当事人一方要求变更或解除合同时，应当在 42 日前通知对方，因变更或解除合同使一方遭受损失的，除依法可免除责任者外，应由责任方负责赔偿。

⑤ 变更或解除合同的通知或协议必须采取书面形式，协议未达成之前，原合同仍然有效。

⑥ 如果委托人认为监理人无正当理由而又未履行监理义务时，可向监理人发出指明其未履行义务的通知。若委托人在 21 天内没收到答复，可在第一份通知发出后 35 日内发出终止监理合同的通知，合同即告终止。

⑦ 监理人在应当获得监理酬金之日起 30 日内仍未收到支付单据，而委托人又未对监理人提出任何书面解释，或暂停监理业务期限已超过半年时，监理人可向委托人发出终止合同通知。如果 14 日内未得到委托人答复，可进一步发出终止合同的通知。如果第二份通知发出后 42 日内仍未得到委托人答复，监理人可终止合同，也可自行暂停履行部分或全部监理业务。

7.2.4　双方当事人的权利和义务

7.2.4.1　双方的权利

（1）委托人的权利

① 授予监理人权限的权利。在监理合同内除需明确委托的监理任务外，还应规定监理人的权限。委托人授予监理人权限的大小，要根据自身的管理能力、建设工程项目的特点及需要等因素考虑。监理合同内授予监理人的权限，在执行过程中可随时通过书面附加协议予以扩大或减小。

② 对其他合同承包人的选定权。委托人是建设资金的持有者和建筑产品的所有人，因此对设计合同、施工合同、加工制造合同等的承包单位有选定权和订立合同的签字权。监理人在选定其他合同承包人的过程中仅有建议权而无决定权。监理人协助委托人选择承包人的工作可能包括：邀请招标时提供有资格和能力的承包人名录；帮助起草招标文件；组织现场考察；参与评标，以及接受委托代理招标等。标准条件中规定，监理人对设计和施工等总包单位所选定的分包单位，拥有批准权或否决权。

③ 委托监理工程重大事项的决定权。委托人有对工程规模、规划设计、生产工艺设计、设计标准和使用功能等要求的认定权；工程设计变更审批权。

④ 对监理人履行合同的监督控制权。委托人对监理人履行合同的监督控制权利体现在以下 3 个方面：

a. 对监理合同转让和分包的监督。除了支付款的转让外，监理人不得将所涉及的利益或规定义务转让给第三方。监理人所选择的监理工作分包单位必须事先征得委托人的认可。在没有取得委托人的书面同意前，监理人不得开始实行、更改或终止全部或部分服务的任何分包合同。

b. 对监理人员的控制监督。合同专用条款或监理人的投标文件内，应明确总监理工程师人选，监理机构派驻人员计划。合同开始履行时，监理人应向委托人报送委派的总监理工程师及其监理机构主要成员名单，以保证完成监理合同专用条件中约定的监理工作范围内的任务。当监理人调换总监理工程师时，须经委托人同意。

c. 对合同履行的监督权。监理人有义务按期提交月、季、年度的监理报告，委托人也可以随时要求其对重大问题提交专项报告，这些内容应在专用条款中明确约定。委托人按照合同约定检查监理工作的执行情况，如果发现监理人员不按监理合同履行职责或与承包方串通，给委托人或工程造成损失，委托人有权要求监理人更换监理人员，直至终止合同，并承担相应赔偿责任。

（2）监理人的权利

监理合同中涉及监理人权利的条款可分为两大类，一类是监理人在委托合同中应享有的权利，另一类是监理人履行委托人与第三方签订的承包合同的监理任务时可行使的权利。

① 委托监理合同中赋予监理人的权利

a. 完成监理任务后获得酬金的权利。酬金包括正常工作酬金、附加工作酬金以及适当的物质奖励。正常工作酬金的支付程序和金额，以及附加工作酬金的计算办法及奖励办法应在专用条款内写明。

b. 终止合同的权利。如果由于委托人违约严重拖欠应付监理人的酬金，或由于非监理人责任而使监理暂停的期限超半年以上，监理人可按照终止合同规定程序，单方面提出终止合同，以保护自己的合法权益。

② 监理人执行监理业务可以行使的权利 按照范本通用条件的规定，监理委托人和第三方签订承包合同时可行使的权利包括：

a. 建设工程有关事项和工程设计的建议权。建设工程有关事项包括工程规模、设计标准、规划设计、生产工艺设计和使用功能要求。

这种建议权是指按照安全和优化方面的要求，就某些技术问题自主向设计单位提出建议。但如果由于提出的建议提高了工程造价，或延长工期，应事先征得委托人的同意，如果发现工程设计不符合建筑工程质量标准或约定的要求，应当报告委托人要求设计单位更改，并向委托人提出书面报告。

b. 对实施项目的质量、工期和费用的监督控制权。主要表现为对承包人报的工程施工组织设计和技术方案，按照保质量、保工期和降低成本要求，自主进行审批和向承包人提出建议；征得委托人同意，发布开工令、停工令、复工令；对工程上使用的材料和施工质量进行检验；对施工进度进行检查、监督，未经监理工程师签字，建筑材料、建筑构配件和设备不得在工地上使用，施工单位不得进行下一道工序的施工；工程实施竣工日期提前或延误期限的鉴定；在工程承包合同约定的工程范围内，工程款支付的审核和签认权，以及结算工程款的复核确认与否定权。未经监理人签字确认，委托人不支付工程款，不进行竣工验收。

c. 工程建设有关协作单位组织协调的主持权。工程项目参与各方在工作中发生摩擦或者产生纠纷，监理人有权从项目管理的角度出发，在其主持下，协调各方关系，解决矛盾和纠纷。

d. 紧急情况下发布变更指令权。在业务紧急情况下，为了工程和人身安全，尽管变更指令已超越了委托人授权而又不能事先得到批准时，也有权发布变更指令，但应尽快通知委托人。

e. 审核承包人索赔的权利。承包商提出索赔的时候，是向监理人递交相应的报告，监理人有权代表发包人审核索赔是否成立。

7.2.4.2 双方的义务

（1）委托人的义务

① 委托人应负责建设工程的所有外部关系的协调工作，满足开展监理工作所需提供的外部条件。

② 与监理人做好协调工作。委托人要授权一位熟悉建设工程情况，能迅速作出决定的常驻代表，负责与监理人联系。更换此人要提前通知监理人。

③ 为了不耽搁服务，委托人应在合理的时间内就监理人以书面形式提交并要求作出决定的一切事宜作出书面决定。

④ 为监理人顺利履行合同义务，做好协助工作。协助工作包括以下几方面内容：

a. 将授予监理人的监理权利，以及监理人监理机构主要成员的职能分工、监理权限及时书面通知已选定的第三方，并在第三方签订的合同中予以明确。

b. 在双方议定的时间内，免费向监理人提供与工程有关的监理服务所需要的工程资料。

c. 为监理人驻工地监理机构开展正常工作提供协助服务。

（2）监理人的义务

① 监理人在履行合同的义务期间，应运用合理的技能认真勤奋地工作，公正地维护有关方面的合法权益。当委托人发现监理人员不按监理合同履行监理职责，或与承包人串通给委托人或工程造成损失时，委托人有权要求监理人更换监理人员，直到终止合同并要求监理人承担相应的赔偿责任或连带赔偿责任。

② 合同履行期间应按合同约定派驻足够的人员从事监理工作。开始执行监理业务前向委托人报送派往该工程项目的总监理工程师及该项目监理机构的人员情况。合同履行过程中如果需要调换总监理工程师，必须首先经过委托人同意，并派出具有相应资质和能力的人员。

③ 在合同期内或合同终止后，未征得有关方同意，不得泄露与本工程、合同业务有关的保密资料。

④ 任何由委托人提供的供监理人使用的设施和物品都属于委托人的财产，监理工作完成或中止时，应将设施和剩余物品归还委托人。

⑤ 非经委托人书面同意，监理人及其职员不应接受委托监理合同约定以外的与监理工程有关的报酬，以保证监理行为的公正性。

⑥ 监理人不得参与可能与合同规定的与委托人利益相冲突的任何活动。

⑦ 在监理过程中，不得泄露委托人申明的秘密，亦不得泄露设计、承包等单位申明的秘密。

⑧ 负责合同的协调管理工作。在委托工程范围内，委托人或承包人对对方的任何意见和要求（包括索赔要求），均必须首先向监理机构提出，由监理机构研究处置意见，再同双方协商确定。当委托人和承包人发生争议时，监理机构应根据自己的职能，以独立的身份判断，公正地进行调解。当双方的争议由政府行政主管部门调解或仲裁机构仲裁时，应当提供作证的事实材料。

7.2.5 酬金支付

7.2.5.1 监理合同的酬金

正常的监理酬金的构成，是监理单位在工程项目监理中所需的全部成本，再加上合理的利润和税金。其中成本的构成如下。

① 直接成本

a. 监理人员和监理辅助人员的工资，包括津贴、附加工资、奖金等；

b. 用于该项工程监理人员的其他专项开支，包括差旅费、补助费等；

c. 监理期间使用与监理工作相关的计算机和其他检测仪器、设备的摊销费用；

d. 所需的其他外部协作费用。

② 间接成本

间接成本包括全部业务经营开支和非工程项目的特定开支：

a. 管理人员、行政人员、后勤服务人员的工资；

b. 经营业务费，包括为招揽业务而支出的广告费等；

c. 办公费，包括文具、纸张、账表、报刊、文印费用等；

d. 交通费、差旅费、办公设施费（公司使用的水、电、气、环卫、治安等费用）；

e. 固定资产及常用工器具、设备的使用费；

f. 业务培训费、图书资料购置费；

g. 其他行政活动经费。

7.2.5.2　附加监理工作的酬金

（1）增加监理工作时间的补偿酬金

补偿酬金＝附加工作天数×合同约定的报酬/合同中约定的监理服务天数

（2）增加监理工作内容的补偿酬金

增加监理工作的范围或内容属于监理合同的变更，双方应另行签订补充协议，并具体商定报酬额或报酬的计算方法。

7.2.5.3　奖金

监理人在监理过程中提出的合理化建议使委托人得到了经济效益，则监理人有权按专用条款的约定获得经济奖励。奖金额度的计算办法由当事人协商确定。

7.2.5.4　支付

① 在监理合同实施中，监理酬金支付方式可以根据工程的具体情况双方协商确定。一般采取首期支付多少，以后每月（季）等额支付，工程竣工验收后结算尾款。

② 支付过程中，如果委托人对监理人提交的支付通知书中酬金或部分酬金项目提出异议，应在收到支付通知书24小时内向监理人发出表示异议的通知，但不得拖延其他无异议酬金项目支付。

③ 当委托人在议定的支付期限内未予支付的，自规定之日起向监理人补偿应支付酬金的利息。利息按规定支付期限最后一日银行贷款利率乘以拖欠酬金时间计算。

7.2.6　合同履行的期限、地点和方式

监理合同的履行期限是指合同当事人各方依照合同规定全面完成各自义务的时间。监理合同中注明的监理工作开始实施和完成日期是根据工程情况估算的时间，如果委托人根据实际需要增加委托工作范围或内容，导致需要延长合同期限，双方可以通过协商，另行签订补充协议。

监理合同履行的地点是指合同当事人开展监理服务工作，交付标的和支付价款或酬金的地点。

监理合同履行的方式是指合同当事人履行合同义务的方式。比如监理酬金支付方式，首期支付多少，每月等额支付还是根据工程形象进度支付，支付货币的币种等。

7.2.7　违约责任

合同履行过程中，由于当事人一方的过错，造成合同不能履行或者不能完全履行，由有过错的一方承担违约责任；如属双方的过错，根据实际情况，由双方分别承担各自的违约责

任。为保证监理合同规定的各项权利义务的顺利实现，在《监理合同（示范文本）》中，制定了约束双方行为的条款：委托人责任，监理人责任。这些规定归纳起来有如下几点。

① 在合同责任期内，如果监理人未按合同中要求的职责勤恳认真地服务，或委托人违背了他对监理人的责任时，均应向对方承担赔偿责任。

② 任何一方对另一方负有责任时的赔偿原则是：

a. 委托人违约应承担违约责任，赔偿监理人的经济损失。

b. 因监理人过失造成经济损失，应向委托人进行赔偿，累计赔偿额不应超出监理酬金总额（除去税金）。

c. 当一方向另一方的索赔要求不成立时，提出索赔的一方应补偿由此所导致的对方各种费用支出。

监理人在责任期内，如果因过失而造成经济损失，要负监理失职的责任；监理人不对责任期以外发生的任何事情所引起的损失或损害负责，也不对第三方违反合同规定的质量要求和完工（交图、交货）时限承担责任。

7.2.8 解决争议的方式

因违反或终止合同而引起的对损失或损害的赔偿，委托人与监理人应协商解决。如协商未能达成一致，可提交主管部门协调。如仍不能达成一致时，根据双方约定提交仲裁机构仲裁或向人民法院起诉。

7.3 监理合同的履行管理

7.3.1 监理人应完成的监理工作

7.3.1.1 监理工作的主要内容

（1）正常工作

正常工作是指监理合同订立时通用条件和专用条件中约定的监理人的工作。

合同双方当事人在订立监理合同时，建设工程监理与相关服务的期限和范围是明确的，在该期限和范围内的工作，无论是建设工程监理工作还是相关服务工作，均属于正常工作。协议书中明确的酬金就是与正常工作相对应的。

（2）附加工作

附加工作是指监理合同约定的正常工作以外监理人的工作。

附加工作为超过监理合同约定期限和范围的工作，可能包括以下几种。

① 由于委托人、第三方原因，使监理工作受到阻碍或延误，以致增加了工作量或延续时间。

② 增加监理工作的范围和内容等。如由于委托人或承包人的原因，承包合同不能按期竣工而必须延长的监理工作时间。又如委托人要求监理人就施工中采用新工艺施工部分编制质量检测合格标准等都属于附加监理工作。

③ 非监理人自己的原因而暂停或终止监理业务，其善后工作及恢复监理业务前的准备工作。

由于附加工作是正常工作之外要求监理人必须履行的义务，因此委托人在其完成工作后应另行支付附加监理工作酬金，但酬金的计算办法应在专用条款内予以约定。

7.3.1.2 合同有效期

尽管双方签订的建设工程委托监理合同中注明"本合同自×年×月×日开始实施，至×年×月×日完成"，但此期限仅指完成正常监理工作预定的时间，并不一定是监理合同的有效期。合同有效期的相关约定范围：

① 监理合同的有效期即监理人的责任期，不是以约定的日历天数为准，而是以监理人是否完成了包括附加工作的义务来判定的。

② 通用条款规定，监理合同的有效期为双方签订合同后，工程准备工作开始，到监理人向委托人办理完竣工验收或工程移交手续，承包人和委托人已签订工程保修责任书，监理收到监理报酬尾款，监理合同才终止。

③ 如果保修期间仍需监理人执行相应的监理工作，双方应在专用条款中另行约定。

7.3.2 监理合同支付管理

监理人按照监理合同约定完成相应监理范围的工作内容，委托人应按监理合同（包括补充协议）约定的额度、时间和方式等向监理人支付酬金。监理合同酬金支付管理主要包括以下三方面内容。

（1）支付申请

监理人应在监理合同约定的每次应付款时间的7天前，向委托人提交文付申请书。支付申请书应当说明当期应付款总额，并列出当期应支付的款项及其金额。

监理单位为确保按时获得酬金，应在本合同约定的应付款时间的7天前向建设单位提出书面申请。申请支付的酬金可包括监理合同专用条件中约定的正常工作酬金，以及合同履行过程中发生的附加工作酬金、合理化建议的奖金。

（2）支付酬金

支付的酬金包括正常工作酬金、附加工作酬金、合理化建议奖励金额及费用。

合同双方当事人应在监理合同专用条件中约定正常工作酬金支付的时间和金额。必要时，附加工作酬金的支付时间和金额应通过补充协议约定。

在监理合同履行过程中，由于工程项目投资规模、监理范围发生变化，建设工程监理与相关服务工作的内容、时间发生变化，以及其他相关因素等的影响，委托人应支付的酬金可能会不同于签订本合同时约定的酬金（即签约酬金），因此实际支付的酬金除了正常工作酬金外，也可包括附加工作酬金、合理化建议奖励金额。

（3）有争议部分的付款

委托人对监理人提交的支付申请书有异议时，应当在收到监理人提交的支付申请书后7天内，以书面形式向监理人发出异议通知。无异议部分的款项应按期支付，以免影响监理人的正常工作，有异议部分的款项按监理合同关于争议解决的约定办理。

7.3.3 违约责任与合同争议的解决

委托人未履行监理合同义务的，应承担相应的责任。委托人违反监理合同约定造成监理人损失的，委托人应予以赔偿。委托人向监理人的索赔不成立时，应赔偿监理人由此引起的费用。委托人未能按期支付酬金超过28天，应按专用条件约定支付逾期付款利息。

监理人未履行监理合同义务的，应承担相应的责任。因监理人违反监理合同约定给委托人造成损失的，监理人应当赔偿委托人损失。赔偿金额的确定方法在专用条件中约定。监理人承担部分赔偿责任的，其承担赔偿金额由双方协商确定。监理人向委托人的索赔不成立时，监理人应赔偿委托人由此发生的费用。

因非监理人的原因，且监理人无过错，发生工程质量事故、安全事故、工期延误等造成的损失，监理人不承担赔偿责任。因不可抗力导致监理合同全部或部分不能履行时，双方各自承担其因此而造成的损失、损害。

委托人与监理人之间就监理合同履行引发争议，可以依据合同中关于争议解决方式的约定，通过仲裁或者诉讼解决。

思 考 题

1. 建设工程监理合同的概念和特征是什么？
2. 监理业务的范围和内容是什么？
3. 监理合同双方当事人的权利和义务是什么？
4. 委托人和监理人的违约责任如何承担？

第 8 章

建设工程物资采购合同管理

主要内容：建设工程物资采购合同概念、特征、分类及管理要点；材料采购合同的订立方式、主要条款、交付方式；设备采购合同分类、主要内容、设备检验及支付结算管理。

教学要求：了解和熟悉物资采购合同的概念、特征和分类；熟悉材料和设备采购合同的订立、交货检验、支付与结算管理等。

8.1 建设工程物资采购合同概述

8.1.1 建设工程物资采购合同概念和特点

建筑工程物资采购合同，是指具有平等主体的自然人、法人、其他组织之间为实现建设工程物资买卖，设立、变更、终止相互权利义务关系的协议。

建设工程物资采购合同与工程项目的建设密切相关，其特点主要表现为：

① 建设工程物资采购合同的买受人即采购人，可以是发包人，也可以是承包人。采购合同的出卖人即供货人，可以是生产厂家，也可以是从事物资流转业务的供应商。

② 建设工程物资采购合同的标的品种繁多，供货条件差异较大。

③ 建设物资采购合同视标的的特点，合同涉及的条款繁简程度差异较大。建筑材料采购合同的条款一般限于物资交货阶段，主要涉及交接程序、检验方式和质量要求、合同价款的支付等。大型设备的采购，除了交货阶段的工作外，往往还需包括设备生产阶段、设备安装调试阶段、设备试运行阶段、设备性能达标检验和保修等方面的条款约定。

④ 建设物资采购供应合同与施工进度密切相关，出卖人必须严格按照合同约定的时间交付订购的货物。

8.1.2 建设工程物资采购合同分类

工程项目建设阶段需要采购的物资种类繁多，合同形式各异，但根据合同标的物供应方式的不同，可将涉及的各种合同大致划分为材料采购合同和大型设备采购合同两大类。材料采购合同，是指采购方（业主或承包人）与供货方（供应商或生产厂家）就供应工程建设所需的建筑材料和市场上可直接购买定型生产的中小型通用设备所签订的合同；而大型设备采购合同则是指采购方（通常为业主，也可能是承包人）与供货方（大多为生产厂家，也可能是供货商）为提供工程项目所需的大型复杂设备而签订的合同。大型设备采购合同的标的物可能是非标准产品，需要专门加工制作，也可能是虽为标准产品，但技术复杂而市场需求量较小，一般没有现货供应，待双方签订合同后由供货方专门进行加工制作。

8.2 材料采购合同管理

8.2.1 材料采购合同的主要内容

按照《合同法》的分类，材料采购合同属于买卖合同，合同条款一般应包括以下几方面内容：

① 产品名称、商标、型号、生产厂家、订购数量、合同金额、供货时间及每次供应数量；

② 质量要求的技术标准、供货方对质量负责的条件和期限；

③ 交（提）货地点、方式；

④ 运输方式及到站、港和费用的负担责任；

⑤ 合理损耗及计算方法；

⑥ 包装标准、包装物的供应与回收；

⑦ 验收标准、方法及提出异议的期限；

⑧ 备品、配件、工具数量及供应办法；

⑨ 结算方式及期限；

⑩ 如需提供担保，另立合同担保书作为合同附件；

⑪ 违约责任；

⑫ 解决合同争议的方法；

⑬ 其他约定事项。

8.2.2 订购产品的交付

（1）产品的交付方式

订购物资或产品的供应方式，可以分为采购方到合同约定地点自提货物和供货方负责将货物送达指定地点两大类，而供货方送货又可细分为将货物负责送抵现场或委托运输部门代运两种形式。

为了明确货物的运输责任，应在相应条款内写明所采用的交（提）货方式、交（接）货物的地点、接货单位（或接货人）的名称。

（2）交货期限

货物的交（提）货期限，是指货物交接的具体时间要求。它不仅关系到合同是否按期履行，还可能会出现货物意外灭失或损坏时的责任承担问题。合同内应对交（提）货期限写明月份或更具体的时间（如旬、日）。如果合同内规定分批交货时，还需注明各批次交货的时间，以便明确责任。合同履行过程中，判定是否按期交货或提货，依照约定的交（提）货方式的不同，可能有以下几种情况：

① 供货方送货到现场的交货日期，以采购方接收货物时在货单上签收的日期为准。

② 供货方负责代运货物，以发货时承运部门签发货单上的戳记日期为准。

③ 采购方自提产品，以供货方通知提货的日期为准。但供货方的提货通知中，应给对方合理预留必要的途中时间。采购方如果不能按时提货，应承担逾期提货的违约责任。当供货方早于合同约定日期发出提货通知时，采购方可根据施工的实际需要和仓储保管能力，决定是否按通知的时间提前提货。他有权拒绝提前提货，也可以按通知时间提货后仍按合同规定的交货时间付款。实际交（提）货日期早于或迟于合同规定的期限，都应视为提前或逾期交（提）货，由有关方承担相应责任。

8.2.3　交货检验

8.2.3.1　验收依据

按照合同的约定，供货方交付产品时，可以作为双方验收依据的资料包括：

① 双方签订的采购合同。

② 供货方提供的发货单、计量单、装箱单及其他有关凭证。

③ 合同内约定的质量标准。应写明执行的标准代号、标准名称。

④ 产品合格证、检验单。

⑤ 图纸、样品或其他技术证明文件。

⑥ 双方当事人共同封存的样品。

8.2.3.2　交货数量检验

（1）供货方代运货物的到货检验

由供货方代运的货物，采购方在提货地点应与运输部门共同验货，以便发现灭失、短少、损坏等情况时，能及时分清责任。采购方接收后，运输部门不再负责。属于交运前出现的问题，由供货方负责；运输过程中发生的问题，由运输部门负责。

（2）现场交货的到货检验

数量验收的方法主要包括以下几种。

① 衡量法。即根据各种物资不同的计量单位进行检尺、检斤，以衡量其长度、面积、体积、重量是否与合同约定的一致。如胶管衡量其长度；钢板衡量其面积；木材衡量其体积；钢筋衡量其重量等。

② 理论换算法。如管材等各种定尺、倍尺的金属材料，量测其直径和壁厚后，再按理论公式换算验收。换算依据为国家规定标准或合同约定的换算标准。

③ 查点法。采购定量包装的计件物资，只要查点到货数量即可。包装内的产品数量或重量应与包装物标明的一致，否则应由厂家或封装单位负责。

有关行政主管部门对通用的物资和材料规定了货物交接过程中允许的合理磅差和尾差界限，如果合同约定供应的货物无规定可循，也应在条款内约定合理的差额界限，以免交接验收时发生合同争议。

交货数量检验时应注意：

① 交付货物的数量在合理的尾差和磅差内，不按多交或少交对待，双方互不退补。

② 超过界限范围时，则按实际交货数量计算。

③ 不足部分由供货方补齐或退回不足部分的货款。

④ 采购方同意接受的多交付部分，进一步支付溢出数量货物的货款。

⑤ 在计算多交或少交数量时，应按订购数量与实际交货数量比较，均不再考虑合理磅差和尾差因素。

8.2.3.3　交货质量检验

（1）质量责任

不论采用何种交接方式，采购方均应在合同规定的由供货方对质量负责的条件和期限内，对交付产品进行验收和试验。某些必须安装运转后才能发现内在质量缺陷的设备，应于合同内规定缺陷责任期或保修期。在此期限内，凡检测不合格的物资或设备，均由供货方负责。如果采购方在规定时间内未提出质量异议，或因其使用、保管、保养不善而造成质量下降，供货方不再负责。

（2）质量要求和技术标准

产品质量应满足规定用途的特性指标，因此合同内必须约定产品应达到的质量标准。约定质量标准的一般原则是：

① 按颁布的国家标准执行；

② 无国家标准而有部颁标准的产品，按部颁标准执行；

③ 没有国家标准和部颁标准作为依据时，可按企业标准执行；

④ 没有上述标准，或虽有上述某一标准但采购方有特殊要求时，按双方在合同中商定的技术条件、样品或补充的技术要求执行。

（3）验收方法

合同内应具体写明检验的内容和手段，以及检测应达到的质量标准。对于抽样检查的产品，还应约定抽检的比例和取样的方法，以及双方共同认可的检测单位。质量验收的方法可以采用：

① 经验鉴别法。即通过目测、手触或以常用的检测工具量测后，判定质量是否符合要求。

② 物理试验。根据对产品的性能检验目的，可以进行拉伸试验、压缩试验、冲击试验、金相试验及硬度试验等。

③ 化学实验。即抽出一部分样品进行定性分析或定量分析的化学试验，以确定其内在质量。

（4）对产品提出异议的时间和方法

合同内应具体写明采购方对不合格产品提出异议的时间和拒付货款的条件：

① 采购方提出的书面异议，应说明检验情况，出具检验证明和对不符合规定产品提出具体处理意见。第一，凡因采购方使用、保管、保养不善原因导致的质量下降，供货方不承担责任。第二，在接到采购方的书面异议通知后，供货方应在 10 天内（或合同商定的时间内）负责处理，否则即视为默认采购方提出的异议和处理意见。

② 如果当事人双方对产品的质量检测、试验结果发生争议，应按《中华人民共和国标准化法》的规定，请标准化管理部门的质量监督检验机构进行仲裁检验。

8.2.4　价款的支付与结算

8.2.4.1　定价原则

建设工程材料定价遵循以下原则：

① 产品的价格应在合同订立时明确定价；

② 由国家定价的产品，应按国家定价执行；

③ 按规定应由国家定价但国家尚无定价的，其价格应报请物价主管部门批准；

④ 不属于国家定价的产品，可以由供需双方协商约定价格。

8.2.4.2 关于价款支付的合同约定

（1）办理结算的时间和手续

合同内首先需明确验单付款还是验货付款，然后再约定结算方式和结算时间。我国现行结算方式可分为现金结算和转账结算两种。

（2）拒付货款条件

① 交付货物的数量少于合同约定，拒付少交部分的货款。

② 有权拒付质量不符合合同要求部分货物的货款。

③ 供货方交付的货物多于合同规定的数量且采购方不同意接收部分的货物，在承付期内可以拒付。

（3）逾期付款的利息

合同内应规定采购方逾期付款应偿付违约金的计算办法。按照中国人民银行有关延期付款的规定，延期付款利率一般按每天万分之五计算。

8.2.5 违约责任

8.2.5.1 供货方的违约责任

（1）未能按合同约定交付货物

包括不能供货和不能按期交货两种情况。

① 不能供货 因供货方应承担责任原因导致不能全部或部分交货，应按合同约定的违约金比例乘以不能交货部分货款计算违约金。

② 不能按期交货 不能按期交货分为逾期交货和提前交货两种情况。

a. 供货方逾期交货。不论合同内规定由他将货物送达指定地点交接，还是采购方去自提，均要按合同约定依据逾期交货部分货款总价计算违约金。对约定由采购方自提货物而不能按期交付时，若发生采购方的其他额外损失，这笔实际开支的费用也应由供货方承担。

逾期交货时，如果采购方认为已不再需要，有权在接到发货协商通知后的15天内，通知供货方办理解除合同手续，但逾期不予答复视为同意供货方继续发货。

b. 提前交付货物。属于约定由采购方自提货物的合同，采购方接到对方发出的提前提货通知后，可以根据自己的实际情况拒绝提前提货；对于供货方提前发运或交付的货物，采购方仍可按合同规定的时间付款，而且对多交货部分，以及品种、型号、规格、质量等不符合合同规定的产品，在代为保管期内实际支出的保管、保养等费用由供货方承担。代为保管期内，不是因采购方保管不善原因而导致的损失，仍由供货方负责。

（2）产品的质量缺陷

交付货物的品种、型号、规格、质量不符合合同规定，如果采购方同意利用，应当按质论价；当采购方不同意使用时，由供货方负责包换或包修。不能修理或调换的产品，按供货方不能交货对待。

（3）供货方的运输责任

主要涉及包装责任和发运责任两个方面。凡因包装不符合规定而造成货物运输过程中的损坏或灭失，均由供货方负责赔偿。供货方如果将货物错发到货地点或接货人时，除应负责运交合同规定的到货地点或接货人外，还应承担对方因此多支付的一切实际费用和逾期交货的违约金。供货方应按合同约定的路线和运输工具发货物，如果未经对方同意私自变更运输工具或路线，要承担由此增加的费用。

8.2.5.2 采购方的违约责任

（1）不按合同约定接收货物

合同签订以后或履行过程中，采购方要求中途退货，应向供货方支付按退货部分货款总额计算的违约金。对于实行供货方送货或代运的物资，采购方违反合同规定拒绝接货，要承担由此造成的货物损失和运输部门的罚款。合同约定为自提的产品，采购方不能按期提货，除需支付按逾期提货部分货款总值计算延期付款的违约金之外，还应承担逾期提货时间内供货方实际发生的代为保管、保养费用。

（2）逾期付款

采购方逾期付款，应按照合同内约定的计算办法，支付逾期付款利息。

（3）延误提供包装物

采购方未能按约定时间和要求提供给对方而导致供货方不能按期发运时，除交货日期应予顺延外，还应比照延期付款的规定支付相应的违约金。如果不能提供的话，按中途退货处理。

（4）货物交接地点错误的责任

不论是由于采购方在合同内错填到货地点或接货人，还是未在合同约定的时限内及时将变更的到货地点或接货人通知对方，导致供货方送货或代运过程中不能顺利交接货物，所产生的后果均由采购方承担。

8.3 大型设备采购合同管理

8.3.1 合同主要内容

一个较为完备的大型设备采购合同，通常由合同条款和附件组成。

① 合同条款主要内容包括合同文件、合同中的词语定义；合同标的；供货范围和数量；合同价格；付款；交货和运输；包装与标记；技术服务；质量监督与检验；安装、调试、验收；保证与索赔；保险；税费；分包与外购；合同的变更、修改、中止和终止；不可抗力；合同争议的解决；其他。

② 附件内容包括技术规范；供货范围；技术资料的内容和交付安排；交货进度；监造、检验和性能验收试验；价格表；技术服务的内容；分包加外购计划；大部件说明表等。

8.3.2 合同的订立

根据不同的采购物，一般采用比选、竞争性评判和单一来源三种方式订立大型设备采购合同。

① 比选方式是指参与部门收集相关信息，约谈若干家相对符合要求的供应商，综合技术、质量、价格、售后服务等因素，最终比选一家供应商谈判签约。

② 竞争性评判方式是指设备能源部发出采购信息（采购公告或采购邀请书）及采购文件；供应商按采购文件要求编制、递交应答文件，参与部门综合评分后，与得分最高的供应商谈判签约。

③ 采用单一来源方式必须满足下列三种情况：只能从唯一供应商处采购的、发生了不可预见的紧急情况；不能从其他供应商处采购的、必须保证原有采购项目的一致性或者服务配套的要求；需要继续从原供应商处添购，且添购金额不超过原合同采购金额百分之十的。

在上述情况下，可与该唯一供应商谈判签约。

8.3.3　设备监造

设备监造也称设备制造监理，指在设备制造过程中采购方委托有资质的监造单位派出驻厂代表，对供货方提供合同设备的关键部位进行质量监督。但质量监造不解除供货方对合同设备质量应负的责任。

8.3.3.1　供货方的义务

① 在合同约定的时间内向采购方提交订购设备的设计、制造和检验的标准，包括与设备监造有关的标准、图纸、资料、工艺要求。

② 合同设备开始投料制造时，向监造代表提供整套设备的生产计划。

③ 每个月末均应提供月报表，说明本月包括工艺过程和检验记录在内的实际生产进度，以及下一月的生产、检验计划。中间检验报告需说明检验的时间、地点、过程、试验记录，以及不一致性原因分析和改进措施。

④ 监造代表在监造中如果发现设备和材料存在质量问题或不符合本规定的标准或包装要求而提出意见并暂不予以签字时，供货方需采取相应改进措施，以保证交货质量。无论监造代表是否要求或是否知道，供货方均有义务主动及时地向其提供合同设备制造过程中出现的较大的质量缺陷和问题，不得隐瞒，在监造单位不知道的情况下供货方不得擅自处理。

⑤ 监造代表发现重大问题要求停工检验时，供货方应当遵照执行。

⑥ 为监造代表提供工作、生活必要的方便条件。

⑦ 不论监造代表是否参与监造与出厂检验，或者监造代表参加了监造与检验并签署了监造与检验报告，均不能被视为免除供货方对设备质量应负的责任。

8.3.3.2　采购方的义务

① 制造现场的监造检验和见证，尽量结合供货方工厂实际生产过程进行，不应影响正常的生产进度（不包括发现重大问题时的停工检验）。

② 监造代表应按时参加合同规定的检查和实验。若监造代表不能按供货方通知时间及时到场，供货方工厂的试验工作可以正常进行，试验结果有效。但是监造代表有权事后了解、查阅、复制检查试验报告和结果，将其转为文件见证。若供货方未及时通知监造代表而单独检验，采购方将不承认该检验结果，供货方应在监造代表在场的情况下进行该项试验。

8.3.3.3　监造方式

大型设备的监造方式包括现场见证和文件见证两种方式。

（1）现场见证

现场见证的形式包括：

① 以巡视的方式监督生产制造过程，检查使用的原材料、元件质量是否合格，制造操作工艺是否符合技术规范的要求等。

② 接到供货方的通知后，参加合同内规定的中间检查试验和出厂前的检查试验。

③ 在认为必要时，监造代表有权要求进行合同内没有规定的检验。如对某一部分的焊接质量有疑问，可以对该部分进行无损探伤试验。

（2）文件见证

文件见证指对所进行的检查或检验认为质量达到合同规定的标准后，在检查或试验记录上签署认可意见，以及就制造过程中有关问题发给供货方的相关文件。

8.3.3.4　工厂内的检验

（1）监造内容的约定

当事人双方需在合同内约定设备监造的内容，以便监造代表进行检查和试验。具体内容应包括监造的部套（以订购范围确定）；每套的监造内容；监造方式（可以是现场见证、文件见证或停工待检之一）；检验的数量等。

（2）检查和试验的范围

检查和试验的范围包括：原材料和元器件的进厂检验；部件的加工检验和实验；出厂前预组装检验；包装检验。

供货方供应的所有合同设备、部件，在生产过程中都需进行严格的检验和试验，出厂前还需进行部套或整机总装试验。所有检验、试验和总装（装配）必须有正式的记录文件。只有以上所有工作完成后才能出厂发运。这些正式记录文件和合格证明提交给采购方，作为技术资料的一部分存档。此外，供货方还应在随机文件中提供合格证和质量证明文件。

8.3.4　现场交货

（1）供货方的义务

① 应在发运前合同约定的时间内向采购方发出通知，以便对方做好接货准备工作。

② 向承运部门办理申请发运设备所需的运输工具计划，负责合同设备从供货方到现场交货地点的运输。

③ 每批合同设备交货日期以到货车站（码头）的到货通知单时间戳记为准，以此来判定是否延误交货。

④ 在每批货物备妥及装运车辆（船）发出24小时内，应以电报或传真将该批货物的如下内容通知采购方：合同号；机组号；货物备妥发运日期；货物名称及编号和价格；货物总毛重；货物总体积；总包装件数；交运车站（码头）的名称、车号（船号）和运单号；重量超过20吨或尺寸超过9米×3米×3米的每件特大型货物的名称、重量、体积和件数，以及对每件该类设备（部件）还必须标明重心和吊点位置，并附有草图。

（2）采购方的义务

① 应在接到发运通知后做好现场接货的准备工作。

② 按时到运输部门提货。

③ 如果由于采购方原因要求供货方推迟设备发货，应及时通知对方，并承担推迟期间的仓储费和必要的保养费。

（3）到货检验

① 检验程序

a. 货物到达目的地后，采购方向供货方发出到货检验通知，邀请对方派代表共同进行检验。

b. 货物清点。双方代表共同根据运单和装箱单对货物的包装、外观和件数进行清点。如果发现任何不符之处，经过双方代表确认属于供货方责任后，由供货方处理解决。

c. 开箱检验。货物运到现场后，采购方应尽快与供货方共同进行开箱检验，如果采购方未通知供货方而自行开箱，产生的后果由采购方承担。双方共同检验货物的数量、规格和质量，检验结果和记录对双方有效，并作为采购方向供货方提出索赔的证据。

② 损害、缺陷、短少的责任

a. 现场检验时，如发现设备由于供货方原因（包括运输）有任何损坏、缺陷、短少或不符合合同中规定的质量标准和规范，应做好记录，并由双方代表签字，各执一份，作为采购方向供货方提出修理或更换索赔的依据。如果供货方要求采购方修理损坏的设备，所有修理设备的费用由供货方承担。

b. 由于采购方原因，发现损坏或短缺，供货方在接到采购方通知后，应尽快提供或替换相应的部件，但费用由采购方自负。

c. 供货方如对采购方提出修理、更换、索赔的要求有异议，应在接到采购方书面通知后合同约定的时间内提出，否则上述要求即告成立。如有异议，供货方应在接到通知后派代表赴现场同采购方代表共同复验。

d. 双方代表在共同检验中对检验记录不能取得一致意见时，可由双方委托的权威第三方检验机构进行裁定检验。检验结果对双方都有约束力，检验费用由责任方负担。

e. 供货方在接到采购方提出的索赔后，应按合同约定的时间尽快修理、更换或补发短缺部分，由此产生的制造、修理和运费及保险费均应由责任方负担。

8.3.5　设备安装验收

供货方派出必要的现场服务人员与采购方做好技术交底，完成好设备的重要安装、调试工序，进行设备验收。设备验收工作包括以下几方面内容。

（1）启动试车

安装调试完毕后，双方共同参加启动试车的检验工作。试车分成无负荷空运和带负荷试运行两个步骤进行，且每一阶段均应按技术规范要求的程序维持一定的持续时间，以检验设备的质量。试验合格后，双方在验收文件上签字，正式移交采购方进行生产运行。若检验不合格，属于设备质量原因，由供货方负责修理、更换并承担全部费用；如果是由于工程施工质量问题，由采购方负责拆除后纠正缺陷。

（2）性能验收

启动试车只是检验设备安装完毕后是否能够顺利安全运行，但各项具体的技术性能指标是否达到供货方在合同内承诺的保证值还无法判定，因此合同中均要约定设备移交试生产稳定运行多少个月后进行性能测试。由于合同规定的性能验收时间采购方已正式投产运行，这项验收试验由采购方负责，供货方参加。

如果合同设备经过性能测试检验表明未能达到合同约定的一项或多项保证指标，可以根据缺陷或技术指标试验值与供货方在合同内的承诺值偏差程度，按下列原则区别对待：

① 在不影响合同设备安全、可靠运行的条件下，如有个别微小缺陷，供货方在双方商定的时间内免费修理，采购方则可同意签署初步验收证书。

② 如果第一次性能验收试验达不到合同规定的一项或多项性能保证值，则双方应共同分析原因，澄清责任，由责任一方采取措施，并在第一次验收试验结束后合同约定的时间内进行第二次验收试验。如能顺利通过，则签署初步验收证书。

③ 在第二次性能验收试验后，如仍有一项或多项指标未能达到合同规定的性能保证值，按责任的原因分别对待。

④ 在合同设备稳定运行规定的时间后，如果由于采购方原因造成性能验收试验的延误超过约定的期限，采购方也应签署设备初步验收证书，视为初步验收合格。

（3）验收责任认定

设备验收责任认定遵循以下几条原则：

① 合同内应约定具体的设备保证期限。保证期从签发初步验收证书之日起开始计算。

② 在保证期内的任何时候，如果由于供货方责任而需要进行的检查、试验、再试验、修理或调换，当供货方提出请求时，采购方应做好安排进行配合以便进行上述工作。供货方应负担修理或调换的费用，并按实际修理或更换使设备停运所延误的时间将保证期限作相应延长。

③ 如果供货方委托采购方施工人员进行加工、修理、更换设备，或由于供货方设计图纸错误以及因供货方技术服务人员的指导错误造成返工，供货方应承担因此所发生合理费用的责任。

④ 合同保证期满后，采购方在合同规定时间内应向供货方出具合同设备最终验收证书。条件是此前供货方已完成采购方保证期满前提出的各项合理索赔要求，设备的运行质量符合合同的约定。供货方对采购方人员的非正常维修和误操作，以及正常磨损造成的损失不承担责任。

⑤ 每套合同设备最后一批交货到达现场之日起，如果因采购方原因在合同约定的时间内未能进行试运行和性能验收试验，期满后即视为通过最终验收。此后采购方应与供货方共同会签合同设备的最终验收证书。

8.3.6 合同价格与支付

大型设备采购合同通常采用固定总价合同，在合同交货期内为不变价格。合同价格包括合同设备（含备品备件、专用工具）、技术资料、技术服务等费用，还包括合同设备的税费、运杂费、保险费等与合同有关的其他费用。

合同生效后，供货方提交金额为合同设备价格约定的某一百分比不可撤销的履约保函，作为采购方支付合同款的先决条件。

设备价款支付程序如下。

（1）合同设备款的支付

订购的合同设备价款一般分三次支付：

① 设备制造前供货方提交履约保函和金额为合同设备价格 10% 的商业发票后，采购方支付合同设备价格的 10% 作为预付款。

② 供货方按交货顺序在规定的时间内将每批设备（部组件）运到交货地点，并将该批设备的商业发票、清单、质量检验合格证明、货运提单提供给采购方，采购方支付该批设备价格的 80%。

③ 剩余合同设备价格的 10% 作为设备保证金，待每套设备保证期满没有问题，采购方签发设备最终验收证书后支付。

（2）技术服务费的支付

合同约定的技术服务费一般分两次支付：

① 第一批设备交货后，采购方支付给供货方该套合同设备技术服务费的 30%。

② 每套合同设备通过该套机组性能验收试验，初步验收证书签署后，采购方支付该套合同设备技术服务费的 70%。

（3）运杂费的支付

运杂费在设备交货时由供货方分批向采购方结算，结算总额为合同规定的运杂费。

付款时间以采购方银行承付日期为实际支付日期，若此日期晚于合同约定的付款日期，即从约定的日期开始按合同约定计算迟付款违约金。

8.3.7 违约责任

大型设备采购合同应当约定违约责任的形式、违约金的计算办法等内容。

（1）供货方的违约责任

① 延误责任的违约金

a. 设备延误到货的违约金。

b. 未能按合同规定时间交付严重影响施工的关键技术资料违约金。

c. 因技术服务的延误、疏忽或错误导致工程延误违约金。

② 质量责任的违约金　指经过二次性能试验后，一项或多项性能指标仍达不到保证指标时，各项具体性能指标违约金。

③ 不能供货的违约金　合同履行过程中如果因供货方原因不能交货，按不能交货部分设备价格约定某一百分比用于计算违约金。

④ 由于供货方中途解除合同，采购方可采取合理的补救措施，并要求供货方赔偿损失。

（2）采购方的违约责任

采购方的违约责任主要包括延期付款、退货等引起的违约责任。如果因采购方原因中途要求退货，按退货部分设备价格约定某一百分比用于计算违约金。

思 考 题

1. 建设工程物资采购合同的特点有哪些？

2. 材料采购合同如何完成交货检验？

3. 材料采购合同双方当事人的违约责任有哪些？

4. 设备监造的方式有哪些？监造过程中应做好哪些工作？

5. 设备现场交货检验的程序是什么？

第 **9** 章

建设工程索赔管理

主要内容：索赔概念、特征；索赔的分类；承包人提出索赔的基本程序；发包人的索赔及反索赔。

教学要求：了解索赔起因、特点和作用；熟悉工程师对索赔管理的原则、任务；掌握索赔概念、特征、分类，以及承包人提出索赔的基本程序。

9.1 索赔概述

9.1.1 索赔的概念和特征

建设工程索赔是指当事人在合同实施过程中，根据法律、合同规定及惯例，对并非由于自己的过错，而是由于应由合同对方承担责任或风险的事件造成损失后，向对方提出补偿的权利要求。索赔贯穿建设工程全过程的各个阶段，但在施工阶段发生的索赔较多。

在建设工程合同履行过程中，索赔是不可避免的。从索赔的定义来看，索赔具有以下基本特征。

（1）索赔的依据是法律法规、合同文件及工程惯例

合同当事人一方向另一方索赔必须有合理、合法的证据，否则索赔不可能成功。这些证据包括合同履行地的法律法规及政策和规章、合同文件及工程建设交易习惯。当然最主要、最直接的依据是合同文件。

（2）索赔是双向的

建设工程合同双方当事人中，承包人可以向发包人索赔，发包人也可以向承包人索赔，这是《合同法》平等原则的体现。但是从工程索赔的实践来看，由于发包人处于相对优势地位，其自身权利相对容易得到保护，因此向承包人提出索赔的情况较少，而承包人向发包人提出索赔的情况较多，相对而言实现也较困难，因而通常所提到的索赔多指承包人向发包人的索赔。

（3）经济损失或权利损害实际发生

经济损失是指因对方因素造成合同外的额外支出，如人工费、材料费、机械费、管理费等额外开支；权利损害是指虽然没有经济上的损失，但造成了一方权利上的损害，如由于恶劣气候条件对工程进度的不利影响，承包商有权要求工期延长等。因此发生了实际的经济损

失或权利损害，应是一方提出索赔的一个基本前提条件。没有实际损失，索赔不可能成功。这与承担违约责任不一样，一方违约了，没有给对方造成损失，同样应向对方承担责任，如支付违约金等。

（4）索赔由非自身承担责任的事件造成

这一特征也体现了索赔成功的一个重要条件，即索赔一方对造成索赔的事件不承担责任或风险，而是根据法律法规、合同文件或交易习惯应由对方承担风险，否则索赔不可能成功。当然由对方承担风险但不一定对方有过错，如物价上涨，发生不可抗力等，均不是发包人的过错造成，但这些风险应由发包人承担，因而若发生此类事件给承包人造成损失，承包人可以向发包人索赔。

（5）索赔是一种未经对方确认的单方行为

一方面，在合同履行过程中，只要符合索赔的条件，一方向另一方的索赔可以随时进行，不必事先经过对方的认可，至于索赔能否成功及索赔值如何则应根据索赔的证据等具体情况而定。另一方面，单方行为是指一方向另一方的索赔何时进行，哪些事件可以进行索赔，不需要征得对方的同意，只要符合索赔的条件，就可以启动索赔程序。

基于上述对索赔特征的分析可以知道，实质上索赔是一种正当的权利或要求，是合情、合理、合法的行为，它是在正确履行合同的基础上争取合理的偿付，不是无中生有、无理争利。索赔同守约、合作并不矛盾、对立，索赔本身就是市场经济中合作的一部分，只要是符合有关规定的、合法的或者符合有关惯例的，就应该理直气壮地、主动地向对方索赔。对于承包人而言，只有善于索赔，才能维护自身的合法权益，才能取得更大的利润。

9.1.2 索赔的分类

索赔有很多分类方法，这些方法从不同角度对索赔进行分类。

（1）按提出索赔的合同依据分类

① 合同中明示的索赔。合同中明示的索赔是指该索赔所涉及的内容可以在合同条款中找到直接的、明示的依据，并可根据合同规定明确划分责任，解决索赔。

② 合同中默示的索赔。合同中默示的索赔是指索赔的内容和权利难以在合同条款中直接找到依据，但可从合同引申含义和合同适用法律或政府颁发的有关法规及相关的交易习惯中间接找到索赔的依据。

（2）按索赔的目的分类

① 费用索赔。在合同履行中，由于非自身的原因而应由对方承担责任或风险情况，使自己有额外的费用支付或损失，可以向对方提出费用索赔。如承包人由于工程实施中遇到不可预见的施工条件，工程量增加，产生了额外费用，或者由于发包人违约、发包人应承担的风险而使承包人产生了经济损失，承包人可以向发包人提出费用索赔。

② 工期索赔。这里主要指出现了应由发包方承担风险责任的事件影响了工期，承包商可以向发包方提出工期补偿的索赔要求。例如遇到特殊风险、工程量或工程内容变更等，使得承包商不可能按照合同预定工期完成施工任务，为了避免到期不能完工而追究承包商的违约责任，承包商在导致误期事件发生后提出延长工期的要求。在一般的合同条件中，都列有延长工期的条款，并具体指出在哪些情况下承包商有权获得工期延长。

（3）按索赔事件的性质分类

① 工程延误索赔。因业主未按合同要求提供施工条件，如未及时交付设计图纸、施工

现场、道路等，或因业主指令工程暂停或不可抗力事件等原因造成工期拖延的，承包商对此提出索赔。这是工程中常见的一类索赔。

② 工程变更索赔。由于业主或监理工程师指令增加或减少工程量或增加附加工程、修改设计、变更工程施工顺序等，造成工期延长和费用增加，承包商对此提出索赔。

③ 工程终止索赔。由于业主违约或发生了不可抗力事件等造成工程非正式终止，承包商因蒙受经济损失而提出索赔。

④ 工程加速索赔。由于业主或监理工程师指令承包商加快施工速度，缩短工期，引起承包商人、财、物的额外开支而提出的索赔。

⑤ 意外风险和不可预见因素索赔。在工程实践中，因人力不可抗拒的自然灾害、特殊风险以及一个有经验的承包商通常不能合理预见的不利施工条件或外界障碍，如地下水、地质断层、溶洞、地下障碍物等引起的索赔。

⑥ 其他索赔。如因货币贬值，汇率变化，物价、工资上涨，政策法令变化等原因引起的索赔。

（4）按索赔当事人分类

① 承包人与发包人之间的索赔。这种索赔一般与工程计量、工程变更、工期、质量、价格等方面有关，有时也与工程中断、合同终止有关。

② 承包人与分包人之间的索赔。在总分包的模式下，总承包商与分包商之间可能就分包工程的相关事项产生的索赔。

③ 承包人与供货商之间的索赔。他们之间可能因产品或货物的质量不符合技术要求，数量不足或不能按时交货或不能按时支付货款产生的索赔。

④ 发包人与监理人之间的索赔。在监理合同履行中因双方的原因或单方原因使合同不能得到很好的履行或外界原因如政策变化、不可抗力等而产生的索赔。

（5）按索赔处理的方式分类

① 单项索赔。单项索赔是针对某一干扰事件提出的，在影响原合同正常运行的干扰事件发生时或发生后，由合同管理人员立即处理，并在合同规定的索赔有效期内向业主或监理师提交索赔要求和报告。

② 综合索赔。综合索赔又称一揽子索赔，一般在工程竣工前和工程移交前，承包商将工程实施过程中因各种原因未能及时解决的单项索赔集中起来进行综合考虑，提出一份综合索赔报告，由合同双方在工程交付前后进行最终谈判，以一揽子方案解决索赔问题。这种索赔由于复杂，涉及的索赔值大，不易解决，因而在实践中最好能及时做好单项索赔，尽量不采用综合索赔。

9.1.3 索赔的起因

与其他行业相比，建筑业是一个索赔多发的行业。这是由建筑产品、建筑生产过程、建筑产品市场经营方式决定的。在现代建筑工程承包中，特别在国际承包工程中，索赔经常发生，而且索赔额很大，这主要是由如下几方面原因造成的。

① 现代化建设工程项目的特点是工程量大、投资多、结构复杂、技术和质量要求高、工期长。工程本身和工程的环境有许多不确定性，它们在工程实施中会有很大变化。最常见的有：地质条件的变化、建筑市场和建材市场的变化、货币的贬值、城建和环保部门对工程新的建议和要求或干涉、自然条件的变化等。它们形成对工程实施的内外部干扰，直接影响

工程设计和计划，进而影响工期和成本。

② 建设工程施工合同在工程开始前签订，是基于对未来情况的预测。对如此复杂的工程和环境，合同不可能对所有的问题作出预见和规定，不可能对所有的工程作出明确的说明。建设工程施工合同条件越来越复杂，合同中难免有考虑不周的条款、缺陷和不足之处，如措词不当、说明不清楚，技术设计也可能有许多错误。这会导致在合同实施中双方对责任、义务和权利的争执，而这一切往往都与工期、成本、价格相联系。

③ 发包人要求的变化导致大量的工程变更。如建筑的功能、形式、质量标准、实施方式和过程、工程量、工程质量的变化；发包人管理的疏忽、未履行或未正确履行他的合同责任。而合同工期和价格是以发包人招标文件确定的要求为依据，同时以发包人不干扰承包人实施过程、发包人圆满履行他的合同责任为前提的。

④ 工程参加单位多，各方面技术和经济关系错综复杂，互相联系又互相影响。各方面技术和经济责任的界面常常很难明确划分。在实际工作中，管理上的失误是不可避免的。但一方失误不仅会造成自己的损失，而且会殃及其他合作者，影响整个工程的实施。当然，在总体上，应按合同原则平等对待各方利益，坚持"谁过失，谁赔偿"。索赔是受损失者的正当权利。

⑤ 合同双方对合同理解的差异造成工程实施中行为的失调，致使工程管理失误。出于合同文件十分复杂，数量多，分析困难，再加上双方的立场、角度不同，会造成对合同权利和义务的范围、界限的划定理解不一致，产生合同争执。

9.1.4 索赔的作用

合理的工程索赔对于应对招标人的过分压价，培育和净化建筑市场，促进建筑业的健康发展，提高企业经济效益，都有至关重要的作用。

(1) 索赔是合同全面、适当履行的重要保证

合同一经当事人双方签订，即对双方产生相应的法律约束力，双方应认真履行自己的责任与义务。索赔是合同法律效力的具体体现，并且由合同的性质决定。如果没有索赔和关于索赔的法律规定，则合同形同虚设，对双方都难以形成约束，这样合同的实施得不到保证，就不会有正常的社会经济秩序。索赔能对违约者起警戒作用，使他考虑到违约的后果，以尽力避免违约事件发生。所以索赔有助于工程中双方更紧密地合作，有助于合同目标的实现。

(2) 索赔是落实和调整合同双方经济责任、权利、利益关系的手段

在经济活动中，既然享有权利，就应承担相应的经济责任。谁不能按约定尽到履行义务的责任，就构成违约；给对方造成损失的就应当赔偿。所以索赔是体现合同责任、平衡当事人责权利关系的重要手段。

(3) 索赔是合同和法律赋予受损者的权利

对承包人来说，索赔是一种保护自己、维护自己正当权益、避免损失、增加利润的手段。在现代工程承包，特别是在国际工程承包中，如果承包人不能进行有效的索赔，不精通索赔业务，往往会使损失得不到合理的、及时的补偿，从而不能进行正常的生产经营，使自身遭受更大的损失。

(4) 索赔对提高企业和工程项目管理水平起着促进作用

要想索赔取得成功，必须加强工程项目管理，特别是合同管理，提高自身的管理水平。

（5）索赔可促使工程造价更加合理

索赔的积极主张，把原来计入工程造价的一些不可预见费用，改为按实际发生的损失支付，有助于降低工程报价，使工程造价更趋合理。

9.2 索赔的程序

9.2.1 承包人提出索赔的程序

根据合同约定，承包人认为有权得到追加付款和（或）延长工期的，应按以下程序向发包人提出索赔。

（1）递交索赔意向通知书和索赔报告

① 承包人应在知道或应当知道索赔事件发生后 28 天内，向监理人递交索赔意向通知书，并说明发生索赔事件的事由；承包人未在前述 28 天内发出索赔意向通知书的，丧失要求追加付款和（或）延长工期的权利；

② 承包人应在发出索赔意向通知书后 28 天内，向监理人正式递交索赔报告；索赔报告应详细说明索赔理由以及要求追加的付款金额和（或）延长的工期，并附必要的记录和证明材料；

③ 索赔事件具有持续影响的，承包人应按合理时间间隔继续递交延续索赔通知，说明持续影响的实际情况和记录，列出累计的追加付款金额和（或）工期延长天数；在索赔事件影响结束后 28 天内，承包人应向监理人递交最终索赔报告，说明最终要求索赔的追加付款金额和（或）延长的工期，并附必要的记录和证明材料。

（2）工程师审查索赔申请

① 工程师进行独立深入的调查分析。工程师在接到承包人递交的索赔意向通知书和索赔报告，并了解索赔事件发生的基本情况和承包人的索赔要求后，要就索赔事件的发生、发展，索赔的依据、证据，损失大小，双方责任，索赔额度的计算方法和结果等进行深入细致的调查、分析。调查分析的内容如表 9.1 所示。

在表 9.1 中，实际损失的计算是最难以审查的，相应的审查工作量也很大。工程师做此项审查的基本原则是能够补偿承包商因索赔事件的发生所遭受到的实际损失。这也是索赔的本质所在。

表 9.1 索赔报告内容调查分析表

调查项目	调 查 内 容
原因分析	索赔事件发生的前因后果、发展态势、影响范围及程度等
事件状况调查	事件发生的原因、责任所属,若属多方责任,如何分责
实际损失计算	损失计算依据、空间和事件范围、方法以及计算的准确度
资料分析	分析承包商提交证明资料的真实性、时效性、完整性等

② 工程师判定索赔成立的条件。工程师判定索赔成立必须满足以下条件：

a. 与合同相对照，事件已造成了承包人施工成本的额外支出，或总工期延误；

b. 造成费用增加或工期延误的原因，按合同约定不属于承包人应承担的责任，包括行为责任或风险责任；

c. 承包人按合同规定的程序提交了索赔意向通知和索赔报告。

这三个条件没有先后主次之分，必须同时满足，承包商的索赔才可能成功。

（3）协商谈判

因为承包商与工程师的利益诉求不同，所以两者通常会对索赔的责任划分、依据理解、数额计算等方面存在差异。所以工程师审查后，还有一项很重要的工作就是就补偿数额与承包人进行协商。

（4）作出索赔处理决定

在与承包人充分协商并达成一致的基础上，工程师作出书面的索赔处理决定。工程师应及时公正合理地处理索赔，在处理索赔要求时，应充分听取承包商的意见并与承包商协商，若协商不一致，工程师可以单方作出处理意见。

（5）发包人批准

工程师在签发完处理意见后报发包人审核或批准。

（6）执行索赔处理决定

发包人批准索赔处理意见后，按照意见的工期天数或者费用额度向承包人顺延工期或支付索赔款，索赔工作结束。

（7）对索赔处理结果的争议

若发包人和承包人双方均不能接受工程师的处理意见，也不能达成一致，可以按照施工合同关于争议解决方式的约定，通过就索赔争议申请仲裁或者向人民法院起诉最终解决问题。

9.2.2 发包人的索赔

索赔应是双方面的。在工程项目实施过程中，发包人与承包人之间，总承包人和分包人之间，合伙人之间，承包人与材料和设备供应商之间都可能有双向的索赔。发包人向承包人的索赔是指在合同实施过程中由于承包人全部或部分地不履行合同，导致发包方的损失，发包方按照合同的规定向承包商提出的对自己遭受损失，进行补偿的要求。

（1）发包人向承包人的索赔

根据合同约定，发包人认为有权得到赔付金额和（或）延长缺陷责任期的，监理人应向承包人发出通知并附有详细的证明。

发包人应在知道或应当知道索赔事件发生后28天内通过监理人向承包人提出索赔意向通知书，发包人未在前述28天内发出索赔意向通知书的，丧失要求赔付金额和（或）延长缺陷责任期的权利，发包人应在发出索赔意向通知书后28天内，通过监理人向承包人正式递交索赔报告。

发包人向承包人提出索赔的情形主要有以下几种。

① 工期延误索赔 出于承包人的原因造成竣工日期较原定竣工日期拖后，给发包人带来损失，使得发包人失去了拖延期间应有的盈利与收入，也扩大了管理费、监理费的支出，还增加了发包人超期筹资的利息支出等。为此发包方有权向承包人索赔，要求承包人赔偿相应损失。

② 施工质量缺陷索赔 承包人应按照合同规定的质量标准完成工程。如果承包商的施工质量不符合合同的规定，或使用的设备、材料不符合合同的要求，或不进行缺陷修补等，导致发包人的损失，发包人有权向承包人索赔，要求补偿由于施工质量缺陷给自己带来的

损失。

③ **违约索赔** 发包人有权对承包人的违约行为提出索赔，如承包人在运输机械设备和建筑材料时损坏了沿途的公路或桥梁，造成损失；发包方补办本应由承包商办理的保险所发生的一切费用；由于工伤事故，给发包方人员和第三方人员造成人身或财产损失；检验不合格材料、设备、工程的检验费；承包商的施工图错误导致发包人的损失等。

承包人的严重违约，如严重延误工期或严重质量问题导致发包人不得不终止合同，承包人应赔偿由此给发包人带来的严重损失。

一般的违约索赔，可以从应付给承包人的款项中直接扣取。严重违约时，发包人可以没收承包人的履约担保金和承包人在工地的财产，如果更换承包人，进一步发生的费用由原承包人承担等。

④ **暂停工程或终止合同的索赔** 施工过程中，由于承包人原因发生暂停工程或终止合同时，发包人有权提出索赔。

(2) 发包人向承包人索赔的特点

由于发包人是工程的投资人，是买方，是工程的拥有者，发包人向承包人的索赔处于主动地位，索赔难度较小。以下是发包人向承包人索赔的特点：

① 发包人向承包人索赔的措施可直接编入合同条件。如上述误期损害赔偿费、保留金、缺陷责任、违约责任、履约保函等等都在编写招标文件时已列入合同条件。承包商签约时都已了解并同意。

② 各种索赔款额可直接从工程款中扣取，或通过没收银行保函获取。

根据以上特点，发包人向承包人索赔，应注意合同条件的编制，在索赔时根据合同的规定及承包人的履约情况进行。

9.3 工程师对索赔的管理

9.3.1 工程师与索赔的关系

工程师工作的重点在于合同管理，而合同管理工作中的一项重要任务，就是处理合同索赔问题。工程师是施工全过程的现场监理，对于发包人和承包人而言，是索赔最直接，最公正的现场见证人，在处理工程索赔的过程中，工程师起着十分重要的作用。工程师与索赔的关系主要体现在以下几方面。

(1) 工程师是工程项目的管理者

工程师通过委托监理合同，受发包人委托进行工程项目管理。工程师在工作中出现问题、失误或行使施工合同赋予的权利造成承包人的损失，发包人必须承担合同规定的相应赔偿责任。由此可见，工程师由于自身项目管理者的角色，成为索赔的引起者。

(2) 工程师是索赔问题的审核人

在承包人提出索赔请求后，工程师作为索赔问题的审核人，进行调查、分析、协调，作出索赔处理决定等。

(3) 在争议的仲裁和诉讼过程中作为见证人

如果合同一方或双方对工程师的处理不满意，都可以将索赔争议按合同规定提交仲裁或者进行诉讼。在仲裁或诉讼过程中，工程师作为工程全过程的参与者和管理者，可以作为见证人提供证据。

9.3.2 工程师对索赔管理的原则和任务

9.3.2.1 工程师对索赔管理的原则

工程师既接受委托于业主进行工程监理，同时又作为第三者，不属于施工合同任何一方。他在行使合同赋予的权利，进行索赔管理时必须遵循如下原则。

(1) 尽量将争执解决于签合同之前

工程师在签订合同前或合同实施前就应对干扰事件进行预测和分析，在工作中减少失误，减少索赔事件的产生。

(2) 公平合理地处理索赔

工程师在行使权利、作出决定、下达指令、决定价格、调解争执时不能偏袒任何一方，站在公正的立场上行事。由于发包人和承包人之间目的和经济利益有不一致性，所以工程师应照顾双方利益，调整双方的经济关系。

(3) 与发包人和承包人协商一致

工程师在处理和解决索赔事件时应与发包人和承包人协商，考虑双方要求，做好两方面的工作，使之尽早达成一致。

(4) 实事求是地解决索赔问题

工程师在处理索赔事件时必须以合同和相应的法律为准绳，以事实为根据，完整地、正确地理解合同，严格地执行合同。只有工程师严格按合同办事，才能促使发包人和承包人履行合同，工程才能顺利实施。

(5) 迅速、及时地处理问题

工程师在行使自己权利、处理索赔事务、解决争执时必须迅速行事，在合同规定的期限内，或在通常认为合理的时间履行自己的职责，否则不仅会给承包商提供新的索赔机会，而且不能保证索赔及时、公正、合理地解决，使问题不断累积，增加处理的难度。

9.3.2.2 工程师在索赔管理中的任务

索赔管理中工程师起十分重要的作用。在一个项目中，能否顺利处理索赔与反索赔，以及解决结果是否圆满，这与工程师的能力、经历、经验和工作状况有直接关系。工程师索赔管理的主要任务在于如下几方面：

① 对导致索赔的原因有充分的预测和防范；

② 通过有力的合同管理防止干扰事件的发生；

③ 对已发生的干扰事件及时采取措施，以降低它的影响，降低损失，避免或减少索赔；

④ 参与索赔的处理过程，审查索赔报告，反驳承包商不合理的索赔要求或索赔要求不合理的部分，敦促业主接受合理的索赔要求，使索赔得到圆满解决。

9.3.2.3 工程师审核索赔应注意的问题

(1) 分清索赔事件的责任

工程师在处理承包商的索赔时，首先要确定承包商所受到的损失应该由谁负责。只有确属业主责任或由业主承担间接责任及部分责任时，承包商的索赔才能成立。

(2) 工期展延天数的确定

要求工期索赔必须是发生在网络计划的关键线路上或对关键线路造成影响，且责任不在承包商的工期延误。此外，在确定工期展延天数时，还应注意以下几个方面：

① 是否有重复计算。有些工期延误是多种原因相互重叠造成的，或是同一原因造成不同工作内容的延误，此时应仔细加以分析。一般原则是两项可予补偿的延误同时存在时，只应得到一项工期延长和经济补偿。

② 双方责任的拖期。处理的一般原则是，对承包商的工期索赔要求进行客观分析，分清责任，各负其责。

（3）核算经济索赔时应注意的问题

① 取费的合理性。

② 计算的正确性。这里不单指承包商的索赔申请中有无计算上的错误，还包括所选用的费率是否合理适度。监理工程师应对取费费率进行严格审查。

（4）其他有关注意事项

① 变更对工期的影响。新增工程量，监理工程师可批准一个顺延工期天数。但当变更指令减少工程量或工作内容时，即使实际完成工程所需天数也会相应缩短，若没有其他专门规定，也不能缩短合同工期。

② FIDIC施工合同条件中规定，不利的自然条件不包括气候条件。但有的时候只要承包商能够证明某种条件是根据有关标前资料及现场调查所不可能合理预料到的，监理工程师从顺利实施工程出发，也可以适当考虑批准合理地展延工期。

③ 对于有材料调价调款的合同，首先应对不同时期承包商已购买材料的数量和涨价后购买材料的数量加以核算。另外还要对承包商未能及早购买合理数量材料的责任加以分析，然后再确定给予承包商的补偿费用。

④ 对窝工损失的计算常常是较难取得一致意见的索赔问题。承包商对设备的窝工按台班计价、人工的窝工按日工计价。监理工程师对此项的计算通常是：因窝工而闲置的设备按折旧费率或租赁费计价，不包括运转费部分；人工损失应考虑做这部分工作的工人调作其他工作时工效降低的损失费用。一般用工效乘以一个测算的降效系数计算这一部分效率损失，而且只按成本费用计算，不包括利润。

9.3.3　工程师对索赔的反驳

对于索赔的反驳，通常可从以下几个方面着手。

（1）索赔事件的真实性

对于对方提出的索赔事件，应从两方面核实其真实性。一是对方的证据。如果对方提出的证据不充分，可要求其补充证据，或否定这一索赔事件。二是我方的记录。如果索赔报告中的论述与我方关于工程记录不符，可向其提出质疑，或否定索赔。

（2）索赔事件责任分析

认真分析索赔事件的起因，澄清责任。以下五种情况可构成对索赔的反驳：

① 索赔事件是由索赔方责任造成的，如管理不善，疏忽大意，未正确理解合同内容等等；

② 此事件应视作合同风险，且合同中未规定此风险由我方承担；

③ 此事件责任在第三方，不应由我方负责赔偿；

④ 双方都有责任，应按责任大小分摊损失；

⑤ 索赔事件发生以后，对方未采取积极有效的措施以降低损失。

（3）索赔依据分析

对于合同内索赔，可以指出对方所引用的条款不适用于此索赔事件，或者找出可为己方开脱责任的条款，以驳倒对方的索赔依据。对于合同外索赔，可以指出对方索赔依据不足，或者误解了合同文件的原意，或者按合同条件的某些内容，不应由己方负责此类事件的赔偿。

另外，可以根据相关法律法规，利用其中对自己有利的条文，来反驳对方的索赔。

（4）索赔事件的影响分析

分析索赔事件对工期和费用是否产生影响以及影响的程度，这直接决定着索赔值的计算。对于工期的影响，可分析网络计划图，通过每一工作的时差分析来确定是否存在工期索赔。通过分析施工状态，可以得出索赔事件对费用的影响。例如发包人未按时交付图纸，造成工程拖期，而承包人并未按合同规定的时间安排人员和机械，因此工期应予顺延，但不存在相应的各种闲置费。

（5）索赔证据分析

索赔证据不足、不当或片面，都可以导致索赔不成立。索赔事件的证据不足，对索赔事件的成立可提出质疑。对索赔事件产生的影响证据不足，则不能计入相应部分的索赔值。仅出示对自己有利的片面的证据，将构成对索赔的全部或部分的否定。

（6）索赔值审核

索赔值的审核工作量大，涉及的资料和证据多，需要花费许多时间和精力。审核重点在于：

① 数据的准确性。对索赔报告中各种计算的基础数据均须进行核对，如工程量增加的实际量方，人员出勤情况，机械台班使用量，各种价格指数等。

② 计算方法的合理性。不同计算方法得出的结果会有很大出入，应尽可能选择科学、精确的计算方法。对某些重大索赔事件的计算，其方法往往需由双方协商确定。

③ 是否有重复计算。索赔的重复计算可能存在于单项索赔与一揽子索赔之间，也可能存在于相关的索赔报告之间，以及各费用项目的计算中。索赔的重复计算包括工期和费用两方面，应认真比较核对，剔除重复索赔。

思　考　题

1. 索赔的概念和特征是什么？
2. 按照索赔的合同依据和目的划分，索赔分别可以分为哪几类？
3. 承包人提出索赔的程序是什么？
4. 工程师判定索赔成立的基本条件是什么？
5. 工程师与索赔的关系体现在哪些方面？
6. 工程师对索赔管理的任务是什么？

第 **10** 章

FIDIC条件下合同管理

主要内容：FIDIC《施工合同条件》的组成、特点及其中的重要概念；FIDIC《施工合同条件》下施工阶段和竣工验收阶段的合同管理。

教学要求：了解 FIDIC 组织与 FIDIC 合同条件形成的历史过程；熟悉 FIDIC 彩虹族系列合同条件的构成；熟悉 FIDIC《施工合同条件》的组成、特点和应用；掌握 FIDIC《施工合同条件》中的重要概念以及 FIDIC《施工合同条件》下施工管理的要点。

10.1 FIDIC合同条件概述

10.1.1 FIDIC 组织与合同条件的产生与发展

FIDIC 是国际咨询工程师联合会（International Federation of Consulting Engineers）的法文缩写，中文音译为"菲迪克"。FIDIC 的本义是指国际咨询工程师联合会这一独立的国际组织。习惯上有时也指 FIDIC 条款或 FIDIC 方法。FIDIC 组织成立于 1913 年，总部设在瑞士洛桑，2002 年迁往日内瓦。截至目前，FIDIC 已经有 97 个成员国，中国工程咨询协会代表我国于 1996 年 10 月加入了该组织。FIDIC 下设四个地区性组织，即亚洲及太平洋地区会员协会（ASPAC）、欧洲共同体会员协会（CEDIC）、非洲会员协会组织（CAMA）、北欧会员协会组织（RINORD）。

FIDIC 是最具有权威性的咨询工程师组织，其宗旨是要将各个国家独立的咨询工程师行业组织联合成一个国际性的行业组织；促进还没有建立起这个行业组织的国家也能够建立起这样的组织；鼓励制订咨询工程师应遵守的职业行为准则，以提高为业主和社会服务的质量；研究和增进会员的利益，促进会员之间的关系，增强本行业的活力。FIDIC 组织推动了全球高质量、高水平工程咨询服务业的发展。

FIDIC 合同条件的前身是英国土木工程师学会（Institution of Civil Engineers，简称 ICE）编制的 ICE 合同和英国咨询工程师联合会（Association for Consultancy and Engineering，简称 ACE）面向世界其他国家和地区编制的 ACE 合同。

ICE 是英国最具权威的土木工程师的专业团体和学术机构，其编制的 ICE 合同为业主、工程师和承包商等工程项目参与方所广泛接受和认可，在土木工程施工领域享有极高的声誉。ICE 合同主要适用于英国国内的土木工程项目，具有浓厚的英式合同的特征，是一份适用于英国国内土木工程项目的标准合同格式。

由于当时国际施工领域的紧迫需要，ACE 经过 ICE 的同意，联合英国的建筑业出口集团编写了一份适合世界其他地方使用的合同文件，并于 1956 年 8 月出版。这一文件一般叫作海外（土木工程）合同条件 [the Overseas (Civil) Conditions of Contract]，简称 ACE 格式。ACE 格式在格式和正文内容方面与 ICE 格式差别不大，也包括标准的投标文件、投标书附录和协议书格式。为了同 ICE 格式区别，ACE 格式封面用的是蓝色。尽管 ACE 合同与 ICE 合同基本相同，但 ACE 合同格式是第一个国际性的土木工程项目的标准合同格式，为 FIDIC 编制国际通用的标准合同格式提供了范本。

FIDIC 组织在借鉴 ACE 合同格式的基础上，先后组织编制并推出了一系列合同条件及配套工作指南、程序、准则、手册等，得到了世界各国的广泛认可和普遍采用，其编制的《业主与咨询工程师标准服务协议书》（白皮书）、《土木工程施工合同条件》（红皮书）、《电气与机械工程合同条件》（黄皮书）、《工程总承包合同条件》（橘皮书）等被世界银行、亚洲开发银行等国际和区域发展援助金融机构作为实施项目的合同和协议范本。

10.1.2　FIDIC 合同条件的类型

FIDIC 系列合同条件因封面采用不同颜色，被称为 FIDIC 彩虹族系列合同条件，主要包括八种合同文本，分述如下。

（1）《施工合同条件》（Conditions of Contract for Construction）（红皮书）

1957 年，FIDIC 以当时英国土木工程师学会（Institution of Civil Engineers，简称 ICE）的《土木建筑工程一般合同条件》为蓝本，首次编制出版了标准的《土木工程施工合同条件》，其后又出版了 1969 年、1977 年、1987 年、1999 年版本，以及 2006 年多边开发银行协调版。目前广泛应用的是 1999 年版的《施工合同条件》。该标准合同条件的封面为红色，很快以"红皮书"闻名世界。FIDIC "红皮书"成为业主与承包商之间缔结土木建筑工程施工、安装承包合同的标准合同格式。

（2）《招标程序》（Tendering Procedure）（蓝皮书）

FIDIC 于 1982 年出版了《招标程序》，因其封面呈蓝色而被称为"蓝皮书"。FIDIC "蓝皮书"提供了完整、系统的国际工程项目招标程序，因其实用性和灵活性而成为了国际上建设行业招标采用的通行做法。

（3）《业主与咨询工程师服务模式协议书》（Conditions of the Client/Consultant Model Services Agreement）（白皮书）

FIDIC 于 1990 年编制出版了《业主与咨询工程师服务模式协议书》，因其封面呈白色而被称为"白皮书"。FIDIC "白皮书"适用于国际工程的投资前期研究、可行性研究、设计及施工管理等，它是国际通用的业主与咨询工程师之间服务的协议书。

（4）《电气与机械工程合同条件》（Conditions of Contract for Electrical and Mechanical Works）（黄皮书）

《电气与机械工程合同条件》在《土木工程施工合同条件》基础上编制而成，因其封面呈黄色而被称为"黄皮书"。FIDIC 黄皮书于 1963 年出版了第一版，其后出版了 1977 年、1987 年、1999 年版。《电气与机械工程合同条件》适用于大型工程的设备提供和施工安装项目。

（5）《设计、建造和交钥匙工程合同条件》（Conditions of Contract for Design-Build and

Turnkey)（橙皮书）

FIDIC 于 1995 年出版了《设计、建造和交钥匙工程合同条件》第一版，因其封面呈橙色而被称为"橙皮书"。FIDIC"橙皮书"适用于总承包项目及 BOT 项目。

（6）《设计、采购及施工/EPC 合同条件》（Conditions of Contract for Engineering，Procurement and Construction）（银皮书）

FIDIC 于 1999 年出版了《设计、采购及施工/EPC 合同条件》，因其封面呈银色而被称为"银皮书"。FIDIC"银皮书"适用于建设规模大、复杂程度高，承包商提供设计，负责采购和施工并承担绝大部分风险的项目。

（7）《简明格式合同》（Short Form of Contract）（绿皮书）

FIDIC 于 1999 年正式出版《简明格式合同》，因其封面呈绿色而被称为"绿皮书"。FIDIC"绿皮书"适用于投资规模相对较小（造价在 500000 美元以下），建设周期短（工期在 6 个月以下），工程相对简单，不需要专业分包的，或重复性的项目。

（8）《土木工程施工分包合同条件》（Conditions of Subcontract for Works of Civil Engineering Construction）（褐皮书）

FIDIC 于 1994 年出版《土木工程施工分包合同条件》第一版，与 1992 年修订重印的第 4 版《土木工程施工合同条件》配套使用的。其后于 2009 年出版《施工分包合同》试用版，2010 年 2 月正式出版 FIDIC《施工分包合同》第三版，因其封面呈褐色而被称为褐皮书。FIDIC"褐皮书"适用于承包商与其选定的分包商，或者与业主选择的指定分包商签订的分包合同。

FIDIC 在出版以上合同文本的基础上，为了帮助项目参与各方正确理解和使用合同条件，提高从业人员的执业水平，还编写出版了一系列工作指南、工作程序与准则以及工作手册，如 FIDIC 合同指南、客户/咨询工程师服务协议书指南、FIDIC 招标程序、风险管理手册、业务实践手册等，这些出版物对于 FIDIC 彩虹族系列合同文本的推广和应用起到了重要作用。

10.2　FIDIC施工合同条件简介

10.2.1　FIDIC《施工合同条件》的组成

FIDIC《施工合同条件》由通用条件、专用条件编写指南、投标函、合同协议书、争端裁决协议书格式组成。

（1）通用条件

FIDIC《施工合同条件》的第一部分为通用条件，内容分为 20 条 163 款，其中 20 条分别是：一般规定；业主；工程师；承包商；指定分包商；员工和劳工；永久设备、材料和工艺；开工、延误和暂停；竣工检验；业主的接收；缺陷责任；测量和估价；变更和调整；合同价格和支付；业主提出终止；承包商提出暂停和终止；风险和责任；保险；不可抗力；索赔、争端和仲裁。

由于通用条件可以适用于所有建筑安装工程施工，条款也非常具体、明确，因此，当脱离具体工程，从宏观的角度讲 FIDIC《施工合同条件》的内容时，仅指 FIDIC 通用条件。

（2）专用条件编写指南

专用条件编写指南包括编写招标文件注意事项、专用条件、附件（担保函格式）。编写指南说明如何在专用条件中对通用条件进行修改。

FIDIC 在编制合同条件时，对建筑安装工程施工的具体情况作了充分而详尽的考察，从中归纳出大量内容具体、详尽的合同条款，组成了通用条件。但仅有这些是不够的，具体到某一工程项目，有些条款应进一步明确，有些条款还必须考虑工程的具体特点和所在地区的情况予以必要的变动，专用条件就是为了实现这一目的而设立的。通用条件与专用条件一起构成了决定一个具体工程项目各方的权利、义务和对工程施工的具体要求的合同条件。

专用条件是根据拟实施工程项目专业特点及工程所在地政治、经济、法律及自然条件等地域特点，对通用条件进行修订、完善和补充。出现专用条件中条款的原因可能包括：

① 在通用条件的措词中专门要求在专用条件中包含进一步的信息，如果没有这些信息，合同条件则不完整；

② 在通用条件中说到在专用条件中可能包含补充有关材料的地方，但如果没有这些补充，合同条件仍不失其完整性；

③ 工程类型、环境或所在地区要求必须增加的条款；

④ 工程所在国法律或特殊环境要求通用条件所含条款有所变更，此类变更一般是在专用条件中说明将通用条件的某条或某条的一部分内容予以剔除，并根据具体情况给出适用的替代条款，或者条款的一部分。

专用条件中条款序号与通用条件中条款序号对应，相同序号的条款共同构成对某一问题的约定责任。对应于通用条件各条款，专用条件内容分为20条42款。

10.2.2　FIDIC《施工合同条件》的特点

FIDIC《施工合同条件》建立了以招标选择承包商为前提，以工程师为合同履行管理的核心，以单价合同为基础的工程项目承发包模式。由于其显著的特点，受到了世界各国以及世界银行等国际机构的充分肯定和广泛使用。

（1）国际性、权威性、通用性

FIDIC《施工合同条件》的国际性和权威性体现在世界各国及国际机构的推崇和应用。FIDIC《施工合同条件》构建了通用条件和专用条件相结合的合同文件框架，实现了原则性和灵活性的统一，使其具有很强的通用性。通用性一方面表现在地域通用性，即在世界很多国家和地区，以及国际机构的工程项目承发包中都采用 FIDIC《施工合同条件》；另一方面表现在多类别工程的通用性，即在建筑工程、公路工程、桥隧工程、铁路工程等多个工程类别中具有通用性。

（2）权利和义务明确、职责分明

FIDIC《施工合同条件》通用条件对业主、工程师、承包商、指定分包商各方主体的责任、权利和利益进行了明确规定，如业主与承包商之间是雇用与被雇用的关系，但是业主必须通过工程师来传达自己的指令。业主和工程师是委托与被委托的关系，业主可以提出更换不称职的工程师，但是不能干预工程师的正常工作。工程师和承包商之间没有任何合同关系，双方是监理与被监理的工作关系，承包商所进行的工作都必须通过工程师的批准，严格遵照工程师的指示，但是承包商可以通过法律手段来保护自己的合法权益。施工合同相关主体之间明确的责权利关系，有利于保证合同顺利履行，最终实现各方利益。

（3）明确工程师的职责和权利

FIDIC《施工合同条件》通用条件规定，工程师应履行合同中赋予他的职责，工程师无权修改合同，但可行使合同中明确规定的或必然隐含的赋予他的权利。如果要求工程师在行使其规定权利之前需获得业主的批准，则此类要求应在合同专用条件中注明。业主不能对工程师的权利加以进一步限制，除非与承包商达成一致。

工程师可以按照合同的规定（在任何时候）向承包商发出指示，承包商只能从工程师及其授权的助理处接受指示。每当合同条件要求工程师按照规定对某一事项作出商定或决定时，工程师应与合同双方协商并尽力达成一致。如果未能达成一致，工程师应按照合同规定在适当考虑所有有关情况后作出公正的决定。

FIDIC《施工合同条件》通过明确规定工程师在施工合同中的职责和权利，强化了工程师在施工合同中的地位和作用，从而确立了以工程师为合同履行管理核心的工程管理模式。

（4）文字准确严谨、操作性强

FIDIC《施工合同条件》英文版中工程、技术、经济、法律用语相当讲究措词的准确和严谨。比如同样是税，在合同条件英文版中分别对应于 taxes（国内征收的税）和 duties（一国对进口货物征收的关税），费用一词在合同条件英文版中对应于 cost（成本费用）、fees（法律及专业服务费）、price（合同价格、价款）等不同单词。准确严谨的文字表述减少了合同当事人对合同条款理解的分歧，在合同履行中增强了操作性。

（5）法律制度完善

FIDIC《施工合同条件》形成了一套完整的具有法律特征的管理制度体系，如工程保险制度、合同担保制度、质量责任制度、价款支付制度、施工监理制度等，使得合同当事人及参与各方的权利、义务制度化，为履行合同提供了制度保障。

10.2.3 FIDIC《施工合同条件》的应用

FIDIC《施工合同条件》因其突出的优点，得到了许多国家和国际机构的广泛应用。归纳起来，FIDIC《施工合同条件》的应用主要包括直接采用、对比分析使用、合同谈判中使用和选择使用几种方式。

（1）直接采用

凡是世界银行、亚洲开发银行等国际金融组织贷款项目，以及一些国家和地区的工程招标文件中，大部分全文采用 FIDIC "红皮书"。在中国，凡亚洲开发银行贷款项目全文采用 FIDIC "红皮书"；凡世界银行贷款项目，在执行世界银行有关合同原则的基础上，执行中国财政部在世界银行批准和指导下编制的有关合同条件。

（2）对比分析使用

许多国家在学习、借鉴 FIDIC 合同条件的基础上，编制了一系列适合本国国情的标准合同条件。这些合同条件的项目和内容与 FIDIC 合同条件大同小异。主要差异体现在处理问题的程序规定以及风险分担的规定上。FIDIC 合同条件的各项程序是相当严谨的，处理业主和承包商风险、权利及义务也比较公正。因此，业主、咨询工程师、承包商通常都会将FIDIC 合同条件作为标尺，与合同履行中遇到的其他合同条件相对比，进行合同分析和风险研究，制订相应的合同管理措施，防止合同管理上出现漏洞。

（3）合同谈判中使用

FIDIC 合同条件的国际性、通用性和权威性，使得合同双方当事人在谈判中可以以"国际惯例"为理由要求对方对合同条款的不合理、不完善之处作出修改或补充，以维护双方的合法权益。这种方式在国际工程项目合同谈判中普遍使用。

（4）部分选择使用

一些国家和地区使用的合同条件不全文采用 FIDIC《施工合同条件》，在编制招标文件、分包合同条件时，部分选择其中的某些条款、某些规定、某些程序，使所编制的合同文件更完善、严谨。在项目实施过程中，也可以借鉴 FIDIC《施工合同条件》的思路和程序来解决和处理有关问题。

10.2.4　FIDIC《施工合同条件》中的重要概念

10.2.4.1　合同文件组成及其优先解释顺序

FIDIC 通用条件规定，构成对业主和承包商有约束力的合同文件包括以下几个方面。

① 合同协议书　合同协议书是指业主发出中标函的 28 天内，接到承包商提交的有效履约保证后，双方签署的法律性标准化格式文件。为了避免履行合同过程中产生争议，专用条件指南中最好注明接受的合同价格、基准日期、开工日期。

③ 中标函　中标函是指业主签署的对投标书的正式接受函，可能包含作为备忘录记载的合同签订前谈判时可能达成一致并共同签署的补遗文件。

③ 投标函　投标函是指承包商填写并签字的法律性投标函和投标函附录，包括报价和对招标文件及合同条款的确认文件。

④ 合同专用条件。

⑤ 合同通用条件。

⑥ 规范　规范是指承包商履行合同义务期间应遵循的准则，也是工程师进行合同管理的依据，即合同管理中通常所称的技术条款。

⑦ 图纸。

⑧ 资料表以及其他构成合同一部分的文件　资料表主要包括：由承包商填写并随投标函一起提交的工程量表、数据、列表及费率/单价表等。构成合同一部分的其他文件包括合同履行过程中构成对双方有约束力的文件。

上述合同文件原则上应能互相解释、互相说明、互相补充，但是这些合同文件有时会含义不清或产生冲突。此时，应由工程师进行解释，前述各合同文件的排列序号就是优先解释顺序。

10.2.4.2　合同中涉及的几个期限

（1）竣工时间

所谓"竣工时间"即国内施工合同中的"合同工期"，是指所签合同内注明的完成全部工程的时间，加上合同履行过程中因非承包商应负责原因导致变更和索赔事件发生后，经工程师批准顺延工期之和。竣工时间是承包商在投标书附录中承诺的完成合同约定工程内容的工期，其时间界限可以作为衡量承包商是否按合同约定期限履行施工义务的标准。

（2）施工期

承包商的施工期是指从工程师按合同约定发布的"开工令"中指明的应开工之日起，至工程接收证书注明的竣工日止的日历天数。通过施工期与竣工时间的比较，可以判定承包商是按期竣工还是提前竣工或延期竣工。

（3）缺陷通知期

所谓"缺陷通知期"即国内施工合同所指的"工程保修期"，自工程接收证书中写明的竣工日开始，至工程师颁发履约证书为止的日历天数。设置缺陷通知期是为了保证承包商对其完成并移交工程的施工质量负责。

合同工程的缺陷通知期及分阶段移交工程的缺陷通知期，应在专用条件内具体约定。次要部位工程通常为半年，主要工程及设备大多为一年，个别重要设备也可以约定为一年半。

(4) 合同有效期

合同有效期，是指自合同签字日起至承包商提交给业主的结清单生效日止。结清单生效指业主已按工程师签发的最终支付证书中的金额付款，并退还承包商的履约保函。合同有效期内，施工合同对业主和承包商均具有法律约束力。结清单一经生效，承包商在合同内享有的索赔权利也自行终止。

10.2.4.3 合同价格

通用条件分别定义了"接受的合同款额"和"合同价格"。接受的合同款额，是指业主在中标函中对实施、完成和修补工程所接受的金额，是业主对承包商投标报价的确认。合同价格，是指承包商按照合同约定完成承包范围内全部工程施工和保修任务后有权获得的全部工程款，合同价格中包括对合同进行的调整所增减的款项。最终结算的合同价格可能与业主在中标函中接受的合同款额并不相等，究其原因，主要有以下几个方面。

(1) 单价合同计价方式

FIDIC《施工合同条件》采用单价合同的计价方式，这种计价方式强调"量价分离"，工程量清单中的工程数量与单价分开，并按照"量变价不变"原则进行验工计价，即以承包商实际完成并经工程师验工确认的工程数量乘以清单中相应工作内容的单价，结算该部分工作的工程款。由于承包商据以报价的工程量清单中各项工作内容项下的工程量一般为概算工程量，合同履行过程中，承包商实际完成的工程量可能多于或少于清单工程量。因此，实际结算的合同价格可能与中标函中接受的合同款额不相等。

(2) 合同价格调整

FIDIC《施工合同条件》通用条件第13条"变更和调整"涉及合同价格调整方面的规定，其中包括调价的条件、程序和公式。当法规变化和费用变化引起合同价格变化，承包商提出调价要求，经过工程师的核实和批准后，业主向承包商支付的工程款将据此及合同规定条款作出相应调整。

(3) 发生应由业主承担责任的事件

合同履行过程中，可能因业主的行为或他应承担风险责任的事件发生后，导致承包商增加施工成本，合同相应条款都规定应对承包商受到的实际损害给予补偿。

(4) 承包商的质量责任

合同履行过程中，如果承包商没有完全地或正确地履行合同义务，业主可凭工程师出具的证明，从承包商应得工程款内扣减该部分给业主带来损失的款额。

(5) 承包商延误工期

业主与承包商签订施工合同时，需约定日拖期赔偿额和最高赔偿限额，如果因承包商应负责原因竣工时间迟于合同工期，将按日拖期赔偿额乘以延误天数计算拖期赔偿金，但以约定的最高赔偿限额为限。

10.2.4.4 合同担保

(1) 承包商提供的担保

FIDIC通用条件规定，承包商签订合同时应提供履约担保，接受预付款前应提供预付款担保，并以附件 C 和附件 D 给出两种履约担保书格式，分别为银行等金融机构提供的保函和承包商委托担保人提供的担保书。

① 履约担保的保证期限。履约担保的保证期限是到承包商圆满完成施工和保修义务为止，即担保的范围是承包商完成包括施工任务和保修义务的全部合同义务。

② 业主凭保函索赔的情况。通用条件明确规定了如果出现以下四种情况，业主可以凭履约保函索赔，其他情况下则按照合同约定的违约责任条款对待。这四种情况包括：

a. 专用条件内约定的缺陷通知期满后仍未能解除承包商的保修义务时，承包商应延长履约保函有效期而未延长；

b. 按照业主索赔或争议、仲裁等决定，承包商未向业主支付相应款项；

c. 缺陷通知期内承包商接到业主修补缺陷通知后 42 天内未派人修补；

d. 由于承包商的严重违约行为业主终止合同。

（2）业主提供的担保

业主提供的担保主要为支付担保，用以担保业主在合同履行过程中履行支付义务。通用条件的条款中未明确规定业主必须向承包商提供支付保函，具体工程的合同内是否包括此条款，取决于业主主动选用或融资机构的强制性规定。

对于世界银行、亚洲开发银行等国际金融援助机构投资或者融资的工程项目，这些机构一般要求业主保证履行付款义务，因此在这类工程项目施工合同专用条件中，增加了业主应向承包商提交"支付保函"的可选条款，并附有保函格式。业主提供的支付保函担保金额可以按总价或分项合同价的某一百分比计算，担保期限至缺陷通知期满后 6 个月，并且为无条件担保形式，使合同双方的担保义务对等。

10.2.4.5　指定分包商

（1）指定分包商的概念

所谓"指定分包商"是由业主（或工程师）指定、选定，完成某项特定工作内容并与承包商签订分包合同的特殊分包商。FIDIC 通用条件规定，业主有权将部分工程项目的施工任务或涉及提供材料、设备、服务等工作内容发包给指定分包商实施。

合同内规定有承担施工任务的指定分包商，大多因业主在招标阶段划分合同包时，考虑到某部分施工的工作内容有较强的专业技术要求，一般承包单位不具备相应的技术能力，但如果以一个单独的合同对待又限于现场的施工条件，工程师无法合理地进行协调管理，为避免各独立承包商之间的施工干扰，只能将这部分工作发包给指定分包商实施。

（2）对指定分包商的支付

FIDIC 通用条件规定，承包商应向指定分包商支付工程师证实的依据分包合同应支付的款额。但是为了不损害承包商的利益，给指定分包商的付款应从暂定金额内开支。

工程师可以要求承包商提供合理的证据，证明按以前的支付证书已向指定分包商支付了所有应支付的款项，否则业主应（自行决定）直接向指定分包商支付部分或全部已被证实应支付给他的（适当地扣除保留金）款项，而承包商应向业主偿还这笔由业主直接支付给指定分包商的款项。

10.2.4.6　解决合同争议的方式

（1）提交工程师决定

FIDIC 通用条件规定，每当合同条件要求工程师对某一事项（包括合同争议）作出商定或决定时，工程师应与合同双方协商并尽力达成一致。如果未能达成一致，工程师应按照合同规定在适当考虑到所有有关情况后作出公正的决定。工程师应将每一项协议或决定，向每一方发出通知以及提供具体的证明资料。

（2）提交争端裁决委员会决定

如果在合同双方之间产生起因于合同或实施过程或与之相关的任何争端，包括对工程师签发的任何证书、决定、指示、意见或估价不同意接受时，任一方可以将此类争端事宜以书面形式提交争端裁决委员会裁定，并将副本送交另一方和工程师。

争端裁决委员会在收到争端文件后 84 天内，或在争端裁决委员会建议并由双方批准的其他时间内作出合理的决定。作出决定后的 28 天内，双方中的任一方未将其不满事宜通知对方，该决定应被视为最终决定并对合同双方均具有约束力。

（3）友好解决

FIDIC 通用条件规定，合同任何一方对争端裁决委员会的决定不满意，或争端裁决委员会在 84 天内未能作出决定，在此期限后的 28 天内应将争议提交仲裁。由于仲裁机构在收到申请后的 56 天才开始审理，合同双方应尽力在仲裁开始前的这段时间以友好的方式解决争议。

（4）仲裁

FIDIC 通用条件规定，如果双方未能通过友好解决合同争议，则此类争议只能由合同约定的国际仲裁机构最终裁决。

仲裁人应有全权公开、审查和修改工程师的任何证书的签发、决定、指示、意见或估价，以及任何争端裁决委员会有关争端事宜的决定。

工程竣工之前或之后均可开始仲裁。但在工程进行过程中，合同双方、工程师以及争端裁决委员会的各自义务不得因任何仲裁正在进行而改变。

10.2.4.7 风险和责任

（1）业主的风险和责任

FIDIC《施工合同条件》通用条件规定业主应承担的风险包括：

① 战争、敌对行动、入侵、外敌行动；

② 工程所在国内的叛乱、恐怖活动、暴动、军事政变或内战；

③ 暴乱、骚乱或混乱，但完全局限于承包商的人员以及承包商和分包商的其他雇用人员中间的事件除外；

④ 工程所在国的军火、爆炸性物质、离子辐射或放射性污染，但由于承包商使用此类军火、爆炸性物质、辐射或放射性活动的情况除外；

⑤ 以音速或超音速飞行的飞机或其他飞行装置产生的压力波；

⑥ 业主使用或占用永久工程的任何部分，但合同中另有规定的除外；

⑦ 因工程任何部分设计不当而造成的，而此类设计是由业主的人员提供的，或由业主所负责的其他人员提供的；

⑧ 一个有经验的承包商不可预见且无法合理防范的自然力的作用。

如果上述所列的业主的风险导致了工程、货物或承包商的文件的损失或损害，则承包商应尽快通知工程师，并且应按工程师的要求弥补此类损失或修复此类损害。如果因此而使承包商延误工期和（或）承担了费用，则承包商应进一步通知工程师，并有权索赔。

（2）承包商的风险和责任

在施工现场属于不包括在保险范围内的，由于承包商的施工、管理等失误或违约行为，导致工程、业主人员的伤害及财产损失，应由承包商承担责任。但承包商根据合同对业主应负的全部风险责任不应超过专用条件中约定的赔偿最高限额。

（3）其他不能合理预见的风险和责任

①外界条件或障碍的影响。如果遇到了现场气候条件以外的外界条件或障碍影响了承包商按预定计划施工，经工程师确认该事件属于有经验的承包商无法合理预见的情况，则承包商实际施工成本的增加和工期损失应得到补偿。

② 汇率变化对支付外币的影响。当合同内约定给承包商的全部或部分付款为某种外币，或约定整个合同期内始终以投标截止日期前第 28 天承包商报价所依据的投标汇率为不变汇率按约定百分比支付某种外币时，汇率的实际变化对支付外币的计算不产生影响。若合同内规定按支付日当天中央银行公布的汇率为标准，则支付时需随汇率的市场浮动进行换算。由于合同期内汇率的浮动变化是双方签约时无法预计的情况，不论采用何种方式业主均应承担汇率实际变化对工程总造价影响的风险，可能对其有利，也可能不利。

③ 法令、政策变化对工程成本的影响。如果投标截止日期前第 28 天后，由于法律、法令和政策变化引起承包商实际投入成本的增加，应由业主给予补偿；若导致施工成本的减少，也由业主获得其中的好处。

10.3　施工阶段的合同管理

10.3.1　施工进度管理

10.3.1.1　开工

FIDIC 通用条件规定，工程师应至少提前 7 天通知承包商开工日期。除非专用条件中另有说明，开工日期应在承包商接到中标函后的 42 天内。承包商应在开工日期后合理可行的情况下尽快开始实施工程，随后应迅速且毫不拖延地进行施工。

10.3.1.2　施工进度计划

FIDIC 通用条件规定，接到开工通知后 28 天内承包商应向工程师提交详细的进度计划。当原进度计划与实际进度或承包商的义务不符时，承包商还应提交一份修改的进度计划。

除非工程师在接到进度计划后 21 天内通知承包商该计划不符合合同规定，否则承包商应按照此进度计划履行义务。业主人员应有权在计划他们的活动时依据该进度计划。

如果在任何时候工程师通知承包商该进度计划不符合合同规定，或与实际进度及承包商说明的计划不一致，承包商应按规定向工程师提交一份修改的进度计划。

10.3.1.3　工程师对施工进度计划的监督

（1）工程师审查月进度报告

工程师主要通过审查承包商提交的月进度报告对施工进度进行监督。根据 FIDIC《施工合同条件》有关"进度报告"条款的要求，除非专用条件中另有说明，承包商应编制月进度报告，并将 6 份副本提交给工程师。第一次报告所包含的期间应从开工日期起至紧随开工日期的第一个月历的最后一天止。此后每月应在该月最后一天之后的 7 天内提交月进度报告。

报告应说明前一阶段的进度情况和施工中存在的问题，以及下一阶段的实施计划和准备采取的相应措施。报告的内容应包括以下几个方面。

① 设计（如有时）、承包商的文件、采购、制造、货物运达现场、施工、安装和调试的每一阶段以及指定分包商实施工程的这些阶段进展情况的图表与详细说明。

② 表明制造和现场进展状况的照片。

③ 与每项主要永久设备和材料制造有关的制造商名称、制造地点、进度百分比，以及以下各项的实际或预期日期：

a. 开始制造；

b. 承包商的检查；

c. 检验；

d. 运输和到达现场。

④ 说明承包商在现场的施工人员和各类施工设备数量。

⑤ 若干份质量保证文件、材料的检验结果及证书。

⑥ 依据有关"业主的索赔"和"承包商的索赔"条款颁发的通知清单。

⑦ 安全统计，包括涉及环境和公共关系方面的任何危险事件与活动的详情。

⑧ 实际进度与计划进度的对比，包括可能影响按照合同完工的任何事件和情况的详情，以及为消除延误而正在（或准备）采取的措施。

（2）修改进度计划

FIDIC 通用条件规定，当工程师发现实际进度与计划进度严重偏离时，不论实际进度是超前还是滞后于计划进度，都随时有权指示承包商编制改进的施工进度计划，详细说明承包商为加快施工并在竣工时间内完工拟采取的修正方法。改进的施工进度计划再次提交工程师认可后执行。

10.3.1.4 顺延合同工期

根据 FIDIC《施工合同条件》有关"推延的图纸或指示""进入现场的权利""不可预见的外界条件"等条款内容，归纳起来承包商可以获得顺延工期的情况主要包括：

① 延误发放图纸；

② 延误移交施工现场；

③ 承包商依据工程师提供的错误数据导致放线错误；

④ 不可预见的外界条件；

⑤ 施工中遇到文物和古迹而对施工进度的干扰；

⑥ 非承包商原因检验导致施工的延误；

⑦ 发生变更或合同中实际工程量与计划工程量出现实质性变化；

⑧ 施工中遇到有经验的承包商不能合理预见的异常不利气候条件影响；

⑨ 由于传染病或政府行为导致工期的延误；

⑩ 施工中受到业主或其他承包商的干扰；

⑪ 施工涉及有关公共部门原因引起的延误；

⑫ 业主提前占用工程导致对后续施工的延误；

⑬ 非承包商原因使竣工检验不能按计划正常进行；

⑭ 后续法规调整引起的延误；

⑮ 发生不可抗力事件的影响。

如果承包商认为有权获得顺延合同工期，则承包商应按照索赔的规定向工程师发出通知。

10.3.2 施工质量管理

（1）承包商的质量保证

根据 FIDIC《施工合同条件》有关"质量保证"条款的要求，承包商应按照合同的要求建立一套质量保证体系，以保证符合合同要求。该体系应符合合同中规定的细节，工程师有权审查质量保证体系的任何方面，对不完善之处可以提出改进要求。

在每一工作阶段开始之前，承包商均应将所有工作程序的细节和执行文件提交工程师，供其参考。遵守该质量保证体系不应解除承包商依据合同具有的任何职责、义务和责任。

（2）检查和检验

根据 FIDIC《施工合同条件》有关"检查"条款的规定，业主人员在一切合理的时间内应完全能进入现场及进入获得自然材料的所有场所，有权在生产、制造和施工期间（在现场或其他地方）对材料和工艺进行审核、检查、测量与检验，并对永久设备的制造进度和材料的生产及制造进度进行审查。

承包商应向业主人员提供一切机会执行该任务，包括提供通道、设施、许可及安全装备，但此类活动并不解除承包商的任何义务和责任。

在覆盖、掩蔽或包装以备储运或运输之前，当此类工作已准备就绪，承包商应及时通知工程师。工程师应随即进行审核、检查、测量或检验，不得无故拖延，或立即通知承包商无须进行上述工作。如果承包商未发出此类通知而工程师要求时，他应打开这部分工程并随后自费恢复原状。

根据 FIDIC《施工合同条件》有关"检验"条款的规定，承包商应提供所有为有效进行检验所需的装置、协助、文件和其他资料、电、燃料、消耗品、仪器、劳工、材料与适当的有经验的合格职员。承包商应与工程师商定对任何永久设备、材料和工程其他部分进行规定检验的时间和地点。

工程师可以按照第13条"变更和调整"的规定，变更规定检验的位置或细节，或指示承包商进行附加检验。如果此变更或附加检验证明被检验的永久设备、材料或工艺不符合合同规定，则此变更费用由承包商承担，不论合同中是否有其他规定。

工程师应提前至少24小时将其参加检验的意图通知承包商。如果工程师未在商定的时间和地点参加检验，除非工程师另有指示，承包商可着手进行检验，并且此检验应被视为是在工程师在场的情况下进行的。

如果由于遵守工程师的指示或因业主的延误而使承包商遭受了工期延误和（或）导致了费用增加，则承包商应通知工程师并有权提出索赔。

（3）对承包商设备的控制

FIDIC《施工合同条件》有关"承包商的设备"条款的规定，承包商应对所有承包商的设备负责。所有承包商的设备一经运至现场，都应视为专门用于该工程的实施。没有工程师的同意，承包商不得将任何主要的承包商的设备移出现场，但负责将货物或承包商的人员运离现场的运输工具除外。

（4）环境保护

FIDIC《施工合同条件》有关"环境保护"条款的规定，承包商应采取一切合理步骤保护现场内外的环境，并限制因其施工作业引起的污染、噪声及其他后果对公众和财产造成的损害和妨碍。

承包商应保证其产生的散发物、地面排水及排污不能超过规范中规定的数值，也不能超过法律规定的数值。

10.3.3 工程进度款的支付管理

10.3.3.1 预付款

（1）预付款及其一般规定

预付款又称动员预付款，是业主为了帮助承包商解决施工前期开展工作时的资金短缺，从未来的工程款中提前支付的一笔款项。

FIDIC《施工合同条件》有关"预付款"条款的规定，当承包商根据本款提交了银行预付款保函时，业主应向承包商支付一笔预付款，作为对承包商动员工作的无息贷款。预付款总额，分期预付的次数与时间（一次以上时），以及适用的货币与比例应符合投标函附录中的规定。

如果业主没有收到该保函，或者投标函附录中没有规定预付款总额，则本款不再适用。

（2）预付款的支付

预付款的数额由承包商在投标函附录中确定。在业主收到由承包商提交的履约保证，以及一份金额和货币与预付款相同的银行预付款保函后，工程师应为第一笔分期付款颁发一份期中支付证书，业主按照合同约定数额和外币比例支付预付款。

（3）预付款的扣还

预付款应在支付证书中按百分比扣减的方式偿还。除非在投标函附录中另外注明了其他百分比，否则：

① 起扣。预付款自承包商获得工程进度款累计总额达到合同总价（减去暂定金额）的10%那个月起扣。

② 每次支付时的扣减额度。按照预付款的货币种类及其比例，分期从每份支付证书中的数额（不包括预付款及保留金的扣减与偿还）中扣除25%，直至还清全部预付款，即

每次扣还金额＝（本次支付证书中承包商应获得的款额－本次应扣的保留金）×25%

10.3.3.2 保留金

（1）保留金及其约定

保留金是按合同约定从承包商应得的工程进度款中相应扣减的一笔金额，保留在业主手中作为约束承包商严格履行合同义务的措施之一。

当承包商有一般违约行为使业主受到损失时，可从保留金内直接扣除损害赔偿费。例如，承包商未能在工程师规定的时间内修复缺陷工程部位，业主雇用其他人完成后，这笔费用可从保留金内扣除。

（2）保留金的扣除

承包商应按招标文件要求在投标函附录中确定每次扣留保留金的百分比和最高限额。业主扣留承包商保留金时，每次月进度款支付扣留的百分比一般为5%～10%，累计扣留的最高限额为合同价的2.5%～5%。

（3）保留金的返还

扣留承包商的保留金分以下两次返还：

① 颁发了工程接收证书后的返还　当工程师已经颁发了整个工程的接收证书时，工程师应开具证书将保留金的一半支付给承包商。

如果颁发的接收证书只是限于一个区段或工程的一部分，则应就相应百分比的保留金开具证书并给予支付。这个百分数应该是将估算的区段或部分的合同价值除以最终合同价值计算得出的比例的40%。

② 缺陷通知期期满后的返还　在缺陷通知期期满时，工程师应立即开具证书将保留金尚未返还的部分支付给承包商。如果颁发的接收证书只限于一个区段，则在这个区段的缺陷通知期期满后，应立即就保留金的另一半的相应百分比开具证书并给予支付。但如果在此时根据第11条"缺陷责任"，尚有任何工作仍需完成，工程师有权在此类工作完成之前扣发与完成工作所需费用相应的保留金余额的支付证书。

10.3.3.3　物价浮动对合同价格的影响

根据FIDIC《施工合同条件》有关"费用变化引起的调整"条款的规定，应根据劳务、货物以及其他投入工程的费用的涨落对支付给承包商的款额进行调整。调价公式常用的形式如下：

$$P_n = a + b \times \frac{L_n}{L_0} + c \times \frac{M_n}{M_0} + d \times \frac{E_n}{E_0} + \cdots$$

式中　　P_n——第 n 期内所完成工作以相应货币所估算的合同价值所采用的调整倍数，这个期间通常是一个月，除非投标函附录中另有规定；

　　　　a——在相关数据调整表中规定的一个系数，代表合同支付中不调整的部分；

　　b，c，d——在相关数据调整表中规定的系数，代表与实施工程有关的每项费用因素的估算比例，如劳务、设备和材料；

L_n，M_n，E_n——第 n 期间时使用的现行费用指数或参照价格，以相关的支付货币表示，而且按照该期间（具体的支付证书的相关期限）最后一日之前第49天当天对于相关表中的费用因素适用的费用指数或参照价格确定；

L_0，M_0，E_0——基本费用指数或参照价格，以相应的支付货币表示，按照在基准日期时相关表中的费用因素的费用指数或参照价格确定。

费用指数或参照价格应使用数据调整表中的数据，数据调整表格式见表10.1。

表 10.1　数据调整表

每月/（年）以_____（货币）支付

系数指数范围	来源国家；货币指数	指数来源；名称/定义	在说明日期的价值	
			价值	日期
$a =$ _____ 固定费				
$b =$ _____ 劳务				
$c =$ _____ 设备				
$d =$ _____ 材料				
$e =$ _____ 其他资源				

注："a"是在相关数据调整表中规定的一个系数，代表合同支付中不调整的部分；"b""c""d""e"为相关数据调整表中规定的一个系数，代表与实施工程有关的每项费用因素的估算比例，此表中显示的费用因素可能是指资源，如劳务、设备和材料。

如果对表10.1所示的数据调整表中的数据来源持怀疑态度，则由工程师确定该指数或价格。为此，为澄清其来源，应参照指定日期的指数值（见表10.1），尽管这些日期（以及这些指数值）可能与基本费用指数不符。

在获得所有现行费用指数之前，工程师应确定一个期中支付证书的临时指数。当得到现行费用指数之后，相应地重新计算并作出调整。

如果由于变更使得数据调整表中规定的每项费用系数的权重（系数）变得不合理、失衡或不适用时，则应对其进行调整。

10.3.3.4 计日工

FIDIC《施工合同条件》有关"计日工"条款的规定，对于数量少或偶然进行的零散工作，工程师可以下达变更指令，要求承包商按照计日工来实施此类工作。对于此类工作应按合同中包括的计日工报表中的规定进行估价，并采用下述程序。

在订购工程所需货物时，承包商应向工程师提交报价单。当申请支付时，承包商应提交此货物的发票、凭证以及账单或收据。

除计日工报表中规定的不进行支付的任何项目以外，承包商应每日向工程师提交包括下列在实施前一日工作时使用的资源的详细情况在内的准确报表，一式两份：

① 承包商人员的姓名、工种和工时。

② 承包商的设备和临时工程的种类、型号以及工时。

③ 使用的永久设备和材料的数量和型号。

如内容正确或经同意时，工程师将在每种报表的一份上签字并退还给承包商。在将它们纳入按有关"申请期中支付证书"条款提交的报表中之前，承包商应向工程师提交一份以上各资源的价格报表。

10.3.3.5 工程进度款的支付

根据 FIDIC《施工合同条件》有关"工程进度款支付"条款的内容，工程进度款的支付程序如下。

（1）承包商提交支付报表

承包商应按工程师批准的格式在每个月末向工程师提交一式六份报表，详细说明承包商认为自己有权得到的款额，同时提交各证明文件，包括提交当月进度情况的详细报告。

该报表应包括下列项目（如适用），这些项目应以应付合同价格的各种货币表示，并按下列顺序排列：

① 截至当月末已实施的工程及承包商的文件的估算合同价值（包括变更）；

② 由于立法和费用变化应增加和减扣的任何款额；

③ 作为保留金减扣的任何款额，保留金按投标函附录中标明的保留金百分率乘以上述款额的总额计算得出，减扣直至业主保留的款额达到投标函附录中规定的保留金限额（如有时）为止；

④ 为预付款的支付和偿还应增加和减扣的任何款额；

⑤ 为采购用于永久工程的设备和材料应预付和减扣的款额；

⑥ 根据合同或其他规定（包括索赔、争端和仲裁），应付的任何其他的增加和减扣的款额；

⑦ 对所有以前的支付证书中证明的款额的扣除。

（2）工程师签证

工程师接到报表后，对承包商完成的工程项目的质量、数量以及各项价款的计算进行核查。如有疑问，工程师可要求承包商共同复核工程量。此后，在收到承包商的报表和证明文件后 28 天内，工程师应向业主签发期中支付证书，列出他认为应支付承包商的金额，并提交详细证明资料。

出现以下情况，工程师可以不签发期中支付证书或者扣减承包商报表中的部分金额：

① 在颁发工程的接收证书之前，若被开具证书的净金额（在扣除保留金及其他应扣款额之后）少于投标函附录中规定的期中支付证书的最低限额（如有此规定时），则工程师没有义务为任何付款开具支付证书。在这种情况下，工程师应相应地通知承包商。本月应付款接转下月。

② 如果承包商所提供的物品或已完成的工作不符合合同要求，则可扣发修正或重置的费用，直至修正或重置工作完成后再支付。

③ 如果承包商未能按照合同规定，进行工作或履行义务，并且工程师已经通知承包商，则可扣留该工作或义务的价值，直至该工作或义务被履行为止。

工程师可在任何支付证书中对任何以前的证书给予恰当的改正或修正。支付证书不应被视为是工程师的接受、批准、同意或满意的意思表示。

（3）业主支付

承包商的报表经过工程师认可并签发期中支付证书后，业主应在接到证书后及时给承包商付款。业主的付款时间不应超过工程师收到承包商提交支付报表及证明文件后的56天。每种货币支付的款项应被转入承包商在合同中指定的对该种货币的付款国的指定银行账户。

如果业主逾期支付将承担延期付款的违约责任。

10.3.4　工程变更管理

（1）工程变更及其分类

FIDIC《施工合同条件》第13条"变更和调整"及相关条款规定了有关工程变更的内容，主要包括工程师指示的变更，变更程序、工程变更的价格调整等内容。

在颁发工程接收证书前的任何时间，工程师可通过发布指示或以要求承包商递交建议书的方式，提出变更。承包商应执行每项变更并受每项变更的约束，除非承包商马上通知工程师（并附具体的证明资料）并说明承包商无法得到变更所需的货物。在接到此通知后，工程师应取消、确认或修改指示。

工程变更包括工程师要求的变更和承包商申请的变更。

（2）工程变更的范围

根据FIDIC《施工合同条件》第13条"变更和调整"的规定，工程变更范围包括：

① 对合同中任何工作的工程量的改变（此类改变并不一定必然构成变更）；

② 任何工作质量或其他特性上的变更；

③ 工程任何部分标高、位置和（或）尺寸上的改变；

④ 省略任何工作，除非它已被他人完成；

⑤ 永久工程所必需的任何附加工作、永久设备、材料或服务，包括任何联合竣工检验、钻孔和其他检验以及勘察工作；

⑥ 工程的实施顺序或时间安排的改变。

承包商不应对永久工程作任何更改或修改，除非且直到工程师发出指示或同意变更。

（3）工程变更程序

根据FIDIC《施工合同条件》有关"变更程序"条款的规定，如果工程师在发布任何变更指示之前要求承包商提交一份建议书，则承包商应尽快作出书面反应，要么说明理由为何不能遵守指示（如果未遵守时），要么提交：

① 将要实施的工作的说明书以及该工作实施的进度计划；

② 对进度计划和竣工时间作出任何必要修改的建议书；

③ 对变更估价的建议书。

工程师在接到上述建议后，应尽快予以答复，说明批准与否或提出意见。在等待答复期间，承包商不应延误任何工作。

工程师应向承包商发出每一项实施变更的指示，并要求其记录费用，承包商应确认收到该指示。每一项变更应进行估价，除非工程师另外作出指示或批准。

（4）变更估价

根据有关"估价"条款的规定，除非合同中另有规定，工程师应通过对每一项工作的估价，商定或决定合同价格。每项工作的估价是用商定或决定的测量数据乘以此项工作的相应价格费率或价格得到的。

对每一项工作，该项合适的费率或价格应该是合同中对此项工作规定的费率或价格，如果没有该项，则为对其类似工作所规定的费率或价格。但是在下列情况下，对这一项工作规定新的费率或价格将是合适的：

① 如果此项工作实际测量的工程量比工程量表或其他报表中规定的工程量的变动大于10％；

② 工程量的变更与对该项工作规定的具体费率的乘积超过了接受的合同款额的0.01％；

③ 由此工程量的变更直接造成该项工作每单位工程量费用的变动超过1％；

④ 这项工作不是合同中规定的"固定费率项目"；

⑤ 合同中对此项工作未规定费率或价格；

⑥ 由于该项工作与合同中的任何工作没有类似的性质或不在类似的条件下进行，故没有一个规定的费率或价格适用。

每种新的费率或价格是对合同中相关费率或价格在考虑到上述几种情况以后作出的合理调整。如果没有相关的费率或价格，则新的费率或价格应是在考虑任何相关事件以后，从实施工作的合理费用加上合理利润中得到。

在商定或决定了一合适的费率或价格之前，工程师还应为期中支付证书决定一临时费率或价格。

（5）承包商申请的工程变更

根据有关"价值工程"条款的规定，承包商可以随时向工程师提交一份书面建议，如果该建议被采用，将会：

① 加速完工；

② 降低业主实施、维护或运行工程的费用；

③ 对业主而言能提高竣工工程的效率或价值；

④ 为业主带来其他利益。

承包商应自费编制此类建议书，并将其包括在有关"变更程序"条款所列的条目中。

如果由工程师批准的建议书包括部分永久工程设计的改变，除非双方另有协议，否则：

① 承包商应设计该部分工程；

② 如果此项改变造成该部分工程的合同价值减少，工程师应商定或决定一笔费用，并将之加入合同价格。这笔费用应是以下金额的差额的一半（50％）：

a. 由此改变造成的合同价值的减少；

b. 考虑到质量、预期寿命或运行效率的降低，对业主而言，已变更工作价值上的减少（如果有）。

10.4　竣工验收阶段的合同管理

10.4.1　竣工检验

根据 FIDIC《施工合同条件》有关"承包商的义务"条款的规定，承包商完成工程并准备好竣工报告所需报送的资料后，应提前 21 天将某一确定的日期通知工程师，说明在该日期后已准备好进行竣工检验。除非另有商定，此类检验应在该日期后 14 天内于工程师指示的某日或数日内进行。

在考虑竣工检验结果时，工程师应考虑到因业主对工程的任何使用而对工程的性能或其他特性所产生的影响。一旦工程或某一区段通过了竣工检验，承包商应向工程师提交一份有关此类检验结果并经证明的报告。

10.4.2　延误的检验与重新检验

根据有关"延误的检验"条款的规定，如果承包商无故延误竣工检验，工程师可通知承包商要求他在收到该通知后 21 天内进行此类检验。承包商应在该期限内他可能确定的某日或数日内进行检验，并将此日期通知工程师。

若承包商未能在 21 天的期限内进行竣工检验，业主人员可着手进行此类检验，其风险和费用均由承包商承担。此类竣工检验应被视为是在承包商在场的情况下进行的且检验结果应被认为是准确的。

根据有关"重新检验"条款的规定，如果工程或某区段未能通过竣工检验，承包商对缺陷进行修复和改正，工程师或承包商可要求按相同条款或条件，重复进行此类未通过的检验以及对任何相关工作的竣工检验。

10.4.3　未能通过竣工检验

根据有关"未能通过竣工检验"条款的规定，当整个工程或某区段未能通过根据第 9.3 款"重新检验"所进行的重复竣工检验时，工程师应有以下权利。

① 指示按照有关"重新检验"条款再进行一次重复的竣工检验。

② 如果由于该过失致使业主基本上无法享用该工程或区段所带来的全部利益，拒收整个工程或区段（视情况而定），在此情况下，业主有权获得承包商的赔偿。包括：

a. 业主为整个工程或该区段（视情况而定）所支付的全部费用以及融资费用；

b. 拆除工程、清理现场和将永久设备和材料退还给承包商所支付的费用。

③ 颁发一份接收证书（如果业主如此要求的话），折价接收该部分工程。

10.4.4　颁发工程接收证书

根据有关"对工程和区段的接收"条款的规定，承包商可在他认为工程将完工并准备移交前 14 天内，向工程师发出申请接收证书的通知。如果工程分为区段，则承包商应同样为每一区段申请接收证书。

工程师在收到承包商的申请后 28 天内，如果认为已满足竣工条件，应该向承包商颁发接收证书，说明根据合同工程或区段完工的日期，但某些不会实质影响工程或区段按其预定目的使用的扫尾工作以及缺陷除外（直到或当该工程已完成且已修补缺陷时）；若不满意，应驳回申请，提出理由并说明为使接收证书得以颁发承包商尚需完成的工作。随后承包商应完成此类工作，再一次发出申请通知。

若在 28 天期限内工程师既未颁发接收证书也未驳回承包商的申请，而当工程或区段（视情况而定）基本符合合同要求时，应视为在上述期限内的最后一天已经颁发了接收证书。

在工程师颁发接收证书前，业主不得使用工程的任何部分（合同规定或双方协议的临时措施除外），如果业主确实使用了工程的任何部分：

① 该被使用的部分自被使用之日，应视为已被业主接收；

② 承包商应从使用之日起停止对该部分的照管责任，此时责任应转给业主；

③ 当承包商要求时，工程师应为此部分颁发接收证书。

如果由于业主接收和（或）使用部分工程（合同中规定的及承包商同意使用的除外）而使承包商增加了费用，承包商应通知工程师并有权通过索赔获得有关费用以及合理利润。接到此通知后，工程师应对此费用及利润作出商定或决定。

10.4.5　竣工结算

（1）承包商报送竣工报表

根据有关"竣工报表"条款的规定，在收到工程接收证书后 84 天内，承包商应向工程师提交按其批准的格式编制的竣工报表一式六份，详细说明：

① 到工程接收证书注明的日期为止，根据合同完成的所有工作的价值；

② 承包商认为应进一步支付给他的任何款项；

③ 承包商认为根据合同将应支付给他的估算款额。

所谓"估算款额"，是因为这笔款额还未经过工程师审核同意。估算款额应在竣工报表中单独列出，以便工程师签发支付证书。

（2）最终付款证书的颁发

在收到最终报表及书面结清单后 28 天内，工程师收到竣工报表后，应对照竣工图进行详细的工程量核算，并对其他支付要求进行审查。在收到最终报表及书面结清单后 28 天内，工程师应向业主签发最终支付证书。

根据有关"最终支付证书的申请"和"结清单"条款的规定，在收到最终报表及书面结清单后 28 天内，工程师应向业主发出一份最终支付证书，其中说明：

① 最终应支付给承包商的款额。

② 确认业主先前已付的所有款额，以及业主还应支付给承包商，或承包商还应支付给业主（视情况而定）的余额（如果有）。

如果承包商未申请最终支付证书，工程师应要求承包商提出申请。如果承包商未能在 28 天期限内提交此类申请，工程师应对其公正决定的应支付的此类款额颁发最终支付证书。

思　考　题

1. FIDIC 彩虹族合同条件包括的合同条件类型及适用范围是什么？

2. FIDIC《施工合同条件》的特点有哪些？

3. 简述业主、工程师、承包商之间的合同管理关系和行为关系。

4. FIDIC《施工合同条件》中涉及哪几个期限？

5. FIDIC《施工合同条件》中如何进行风险责任划分？

6. 工程师如何对施工进度进行监督？

7. FIDIC《施工合同条件》中对工程预付款的扣还作了哪些规定？

8. 工程进度款的支付程序是什么？

9. 简述工程变更的范围和程序。

10. 如果遇到未通过竣工检验的情况，承包商应承担什么责任？

参 考 文 献

[1] 舒国滢. 法理学导论 [M]. 第 2 版. 北京：北京大学出版社，2012.

[2] 中国建设监理协会. 建设工程合同管理 (2014) [M]. 第 4 版. 北京：中国建筑工业出版社，2013.

[3] 何佰洲. 工程合同法律制度 [M]. 北京：中国建筑工业出版社，2003.

[4] 何佰洲. 工程建设合同与合同管理 [M]. 大连：东北财经大学出版社，2004.

[5] 中国建设监理协会. 建设工程合同管理 (2011) [M]. 第 3 版. 北京：知识产权出版社，2009.

[6] 吴孟红. 加强建设工程合同管理严把监理工作造价控制关 [J]. 中小企业管理与科技旬刊，2012 (28)：71-71.

[7] 赵星. 建设工程合同管理对工程造价的影响分析 [J]. 价值工程，2013 (31)：109-110.

[8] 王福元. 目前建设工程合同管理中存在的问题与对策 [J]. 沈阳师范大学学报 (自然科学版)，2010，28 (2)：301-304.

[9] 石军广. 关于建设工程合同管理的探讨 [J]. 河北工程大学学报 (自然科学版)，2002，19 (2)：63-65.

[10] 陆惠民，苏振民，王延树. 工程项目管理 [M]. 南京：东南大学出版社，2002.

[11] 李启明. 土木工程合同管理 [M]. 南京：东南大学出版社，2002.

[12] 曹杨，王雪青. 我国建设工程合同管理存在的问题与对策 [J]. 经济纵横，2010 (8)：114-116.

[13] 郑素伟. 企业合同管理存在的问题与对策 [J]. 辽宁经济，2005 (7)：60-61.

[14] 李芳. 加强建设工程合同管理 [J]. 合作经济与科技，2010 (6)：51-52.

[15] 于瑾莹. 浅谈建设工程合同管理 [J]. 山西建筑，2007，33 (32)：223-224.

[16] 徐雷. 建设法规 [M]. 北京：科学出版社，2009.

[17] 全国一级建造师执业资格考试用书编写委员会. 建设工程法规及相关知识 [M]. 北京：中国建筑工业出版社，2016.

[18] 中国法制出版社. 中华人民共和国建筑法律法规全书 [M]. 北京：中国法制出版社，2015.

[19] 何佰洲. 工程建设法规教程 [M]. 北京：中国建筑工业出版社，2009.

[20] 金国辉. 建设法规概论案例 [M]. 北京：北京交通大学出版社，2015.

[21] 樊文广，谢延友. 招投标与合同管理 [M]. 北京：中国电力出版社，2010.

[22] 王俊安. 招标投标与合同管理 [M]. 北京：中国建材工业出版社，2009.

[23] 刘尔烈，刘戈. 项目采购与合同管理 [M]. 天津：天津大学出版社，2010.

[24] 隋卫东，王淑华. 建设法学房地产法 [M]. 济南：山东人民出版社，2006.

[25] 赵勇. 招标采购专业知识与法律法规 [M]. 北京：中国计划出版社，2015.

[26] 符启林. 房地产合同实务 [M]. 北京：知识产权出版社，2005.

[27] 梁焕磊. 国际货物买卖合同条款解析与应用 [M]. 北京：中国纺织出版社，2008.

[28] 王克健. 项目管理法律及国际工程合同 [M]. 上海：上海交通大学出版社，2011.

[29] 王秉乾. 英国建设工程合同概论 [M]. 北京：对外经济贸易大学出版社，2010.

[30] 李启明. 工程建设合同与索赔管理 [M]. 北京：科学出版社，2001.

[31] 成虎. 建设工程合同管理与索赔 [M]. 南京：东南大学出版社，2008.

[32] 曲修山，何红锋. 建设工程施工合同纠纷处理实务 [M]. 北京：知识产权出版社，2004.

[33] 朱锦林. 施工合同条件 [M]. 北京：机械工业出版社，2002.

[34] 苟伯让. 建设工程招投标与合同管理 [M]. 武汉：武汉理工大学出版社，2014.